Möbel selbst schreinern

Alan & Gill Bridgewater

Möbel
selbst schreinern

Neue Ideen einfach und schnell

Bechtermünz

Erstmals veröffentlicht 2001 in Großbritannien
unter dem Titel
Quick & Easy Projects For The Weekend Carpenter
von New Holland Publishers (UK) Ltd.
Garfield House
86 Edgeware Road
London W2 2EA
England

Deutsche Erstausgabe

Copyright © der deutschen Übersetzung 2001
by Weltbild Verlag GmbH, Augsburg
Lektorat und Redaktion: Rosemary Wilkinson,
Fiona Corbridge, Kate Latham
Layout und Design: AG&G Books
Produktion und Satz: Caroline Hansell
Illustrationen: Gill Bridgewater
Projektdesign: Alan und Gill Bridgewater
Fotografie: Ian Parsons
Schreiner- und Holzarbeiten: Alan und Glyn Bridgewater
Koordination und Bearbeitung der deutschen Ausgabe:
Neumann & Nürnberger, Leipzig/Machern
Übersetzung: Abbey & Friedrich GbR, Leipzig
Umschlaggestaltung: INIT-Büro für Gestaltung, Bielefeld
Gesamtherstellung: Tien Wah Press Pte. Ltd., Singapur

AG&G Books bedankt sich bei Axminsterä Power Tool
für die Fotos auf den Seiten 8 und 9.

Printed in Singapore

ISBN 3-8289-2385-2

Inhaltsverzeichnis

Einleitung

Beim Arbeiten in meiner Werkstatt, umgeben vom warmen, nussartigen Geruch des Holzes, denke ich oft über all die faszinierenden Aspekte der Holzbearbeitung nach. Da ist natürlich das Handwerk selbst, das mich begeistert und auch die Tatsache, dass aus einem Stapel Bretter in der Ecke innerhalb von Stunden oder wenigen Tagen ein schönes Möbelstück entstehen kann. Ich freue mich jedes Mal ein von mir gebautes Stück in Gebrauch zu sehen und es macht mir Spaß, Dinge an Freunde oder Verwandte zu verschenken und dabei zu wissen, dass diese Sachen ohne meine Arbeit nicht existieren würden.

Dieses Buch habe ich in der Absicht geschrieben, die Freude an der Holzbearbeitung mit Ihnen zu teilen. Als ich zum ersten Mal über das Projekt nachdachte, kamen mir Hunderte von Ideen. Davon habe ich einige ausgewählt, die mir besonders für den Hobbytischler geeignet erschienen. Zu jedem Projekt gibt es detaillierte Anweisungen, Fotos sowie Hinweise zu Variationsmöglichkeiten. Außerdem können alle Gegenstände innerhalb eines Wochenendes gebaut werden. Wir haben solche Projekte ausgewählt, die sowohl von unerfahrenen Anfängern mit einer Grundausstattung als auch von fortgeschrittenen Hobbytischlern, die einem Werkstück vielleicht noch eine ganz besondere Note geben möchten, gebaut werden können.

Das Buch enthält detaillierte Zeichnungen, Fotos und Anleitungen für den Bau von 25 unterschiedlichen Einrichtungsgegenständen, z. B. für einen Kinderhocker in leuchtenden Farben, einen Stuhl für die Veranda oder den Wintergarten, einen Tisch, eine Truhe, ein rustikales Küchenregal und für Küchenbrettchen. Die Kapitel beginnen jeweils mit einer Einführung und einer kurzen Beschreibung des Werkstückes, danach werden die einzelnen Arbeitsschritte erläutert. Jedes Werkstück wird auf einem großen Foto dargestellt und dazu gibt es detaillierte Anweisungen, Illustrationen und Fotos für alle Fertigungsschritte, Werkzeug- und Materiallisten sowie Zuschnittlisten, Arbeitszeichnungen, Ideen für Konstruktionsvarianten und zusätzliche Tipps. Wir haben unser Bestes getan, damit Sie jedes Wochenende Ihrem Hobby frönen können, angefangen von der Holzbestellung über die Anfertigung des Entwurfes, der Arbeit mit der Oberfräse bis zur abschließenden Oberflächenbehandlung.

Sicher kribbelt es Ihnen bereits jetzt in den Fingern. Dann sollten Sie nicht länger warten, die Ärmel hochkrempeln und sich in das immer wieder neue Abenteuer Holz stürzen. Viel Glück dabei!

Alan & Gill

Werkzeuge und Ausrüstung

Die Bearbeitung von Holz kann sehr viel Spaß machen und jedem Hobbytischler tolle Erfolgserlebnisse verschaffen, jedoch nur dann, wenn er geeignete Werkzeuge und die richtige Ausrüstung verwendet. Es hat keinen Sinn, ein Stück Holz mit einem stumpfen Hobel zu bearbeiten oder Rundungen mit einem breiten Sägeblatt aussägen zu wollen. Wenn Sie Ihre Werkzeuge jedoch sorgfältig auswählen und behandeln, wird die Holzbearbeitung Ihnen viel Freude bereiten. Anfänger sollten mit einer Grundausstattung beginnen und diese dann je nach Bedarf ergänzen.

DIE WICHTIGSTEN MASCHINEN

Üblicherweise verwenden Hobbytischler Handwerkzeuge wie Handhobel, Handsägen, Handbohrmaschinen usw. In den letzten Jahren sind viele jedoch dazu übergegangen, für beschwerlichere Arbeiten kleine Maschinen einzusetzen. Dabei sind die folgenden fünf besonders nützlich: Kreissäge, Abricht- und Dickenhobelmaschine, Bandsäge, Tischbohrmaschine und elektrische Laubsäge.

Kreissäge Mit einer Kreissäge sägt man Holz auf Breite und Länge. Sie besteht aus einem Tisch mit einem kreisförmigen Sägeblatt in der Mitte, einem Anschlag auf der rechten Seite und einem verschiebbaren Tisch auf der linken. Zum Sägen legen Sie eine abgerichtete Kante des Brettes an den Anschlag, stellen die gewünschte Breite ein und schieben das Brett langsam mit den Händen oder einem Schiebestock über den Tisch. Die Anschaffung einer Kreissäge lohnt sich, wenn Sie Kosten sparen möchten, indem Sie nur sägeraues Holz kaufen und selbst Bretter verschiedener Breite und Länge zuschneiden.

Kombinierte Abricht- und Dickenhobelmaschine Eine Abricht- und Dickenhobelmaschine ist eine Maschine, die nacheinander alle Seiten und Kanten eines Holzstückes bearbeitet und diese in einen rechten Winkel zueinander bringt. Professionelle Holzbearbeiter verwenden in der Regel zwei Maschinen – eine Abrichthobel- und eine Dickenhobelmaschine, Hobbytischler wählen jedoch oft eine Maschine, die beide Funktionen vereinigt. Es sind sehr viele verschiedene Modelle im

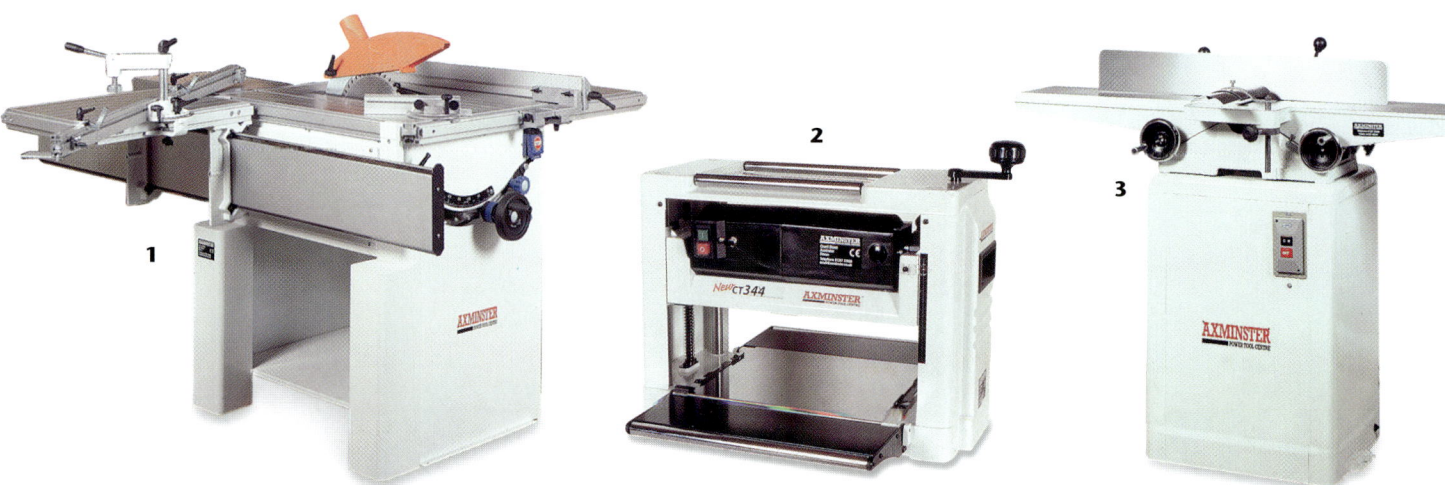

1 **Kreissäge:** *Eine Kreissäge ist eine nützliche Maschine, vor allem wenn Sie häufiger in der Werkstatt arbeiten. Sie wird vor allem dazu verwendet, breite Bretter in kürzester Zeit und mit hoher Genauigkeit in schmalere oder kürzere Stücke zu zersägen.*

2 **Dickenhobelmaschine:** *Eine Dickenhobelmaschine dient zur Reduzierung der Dicke oder Breite von Holzstücken.*
3 **Abrichthobelmaschine:** *Eine Abrichthobelmaschine erzeugt ebene und glatte Oberflächen und sorgt dafür, dass alle Seiten eines Brettes rechtwinklig zueinander stehen.*

Angebot, nehmen Sie sich also Zeit die unterschiedlichen Möglichkeiten gegeneinander abzuwägen.

Bandsäge Eine elektrische Bandsäge besteht im Wesentlichen aus einem flexiblen Sägeblatt, das in einer Schlaufe über zwei oder mehrere Rollen verläuft, durch die es auch angetrieben wird. Mit dieser Maschine führt man geschweifte Schnitte aus, wobei zum Aussägen schmaler Rundungen in dünnem Holz schmale Sägeblätter und zum Aussägen weiter Rundungen in dickem Holz breitere Sägeblätter verwendet werden. Ich besitze eine kleine Bandsäge mit einem 10 mm breiten Sägeblatt.

Tischbohrmaschine Die Tischbohrmaschine – auch Säulen- oder Ständerbohrmaschine genannt – ist ein Werkzeug zum Bohren von Löchern. Man kann sich zwar für diese Zwecke auch mit einer kleinen elektrischen Bohrmaschine behelfen, eine Tischbohrmaschine ist jedoch wegen ihrer größeren Präzision vorzuziehen. Zum Bohren spannen Sie den Bohrer in das Futter, befestigen das Werkstück auf dem Bohrtisch, stellen den Tiefenanschlag ein und ziehen schließlich zum Bohren den Spindelgriff nach unten. Eine Tischbohrmaschine mit einem Forstnerbohrer ist eine kaum zu übertreffende Werkzeugkombination.

Laubsäge Die Laubsäge ist eine Elektrosäge mit sehr feinem Sägeblatt zum Sägen komplizierter Rundungen im Holz. Vor dem Einsatz wird das Sägeblatt gespannt und dann führt man das Werkstück so über den Sägetisch, dass das Blatt entlang der angerissenen Linie schneidet. Um ein Stück Holz aus der Mitte eines Brettes auszusägen wird das eine Ende des Sägeblattes ausgespannt, durch eine vorgebohrtes Loch geschoben und wieder eingespannt.

SPEZIALMASCHINEN

Natürlich gibt es noch viele andere Arten von Holzbearbeitungsmaschinen, angefangen von Sägen für spezielle Holzverbindungen, Schleifmaschinen und Furnierpressen bis zu Tischfräsen, großen und kleinen Drehbänken usw. Hat man einmal das Hobby Holzbearbeitung für sich entdeckt, entwickelt man meist schon bald spezielle Interessen für den einen oder anderen Bereich und dann ist es früh genug, sich mit dem Thema Spezialmaschinen zu beschäftigen. Ich zum Beispiel entdeckte nach kurzer Zeit meine Leidenschaft für das Drechseln, so dass ich mir eine Drechselbank kaufte und später dann auch eine große, langsame Schleifmaschine zum Schärfen meiner Drechselwerkzeuge. Falls es Ihnen zum Beispiel die komplizierten Holzverbindungen angetan haben, werden Sie sich vielleicht eine spezielle Zapfenlochmaschine oder eine Zapfenschneidemaschine zulegen und dann benötigen Sie auch ein Spezialgerät zum Schleifen Ihrer Stech- und Stemmwerkzeuge. Ich rate Ihnen, nicht sofort loszustürzen und alle möglichen Maschinen zu kaufen, die Sie dann möglicherweise niemals verwenden

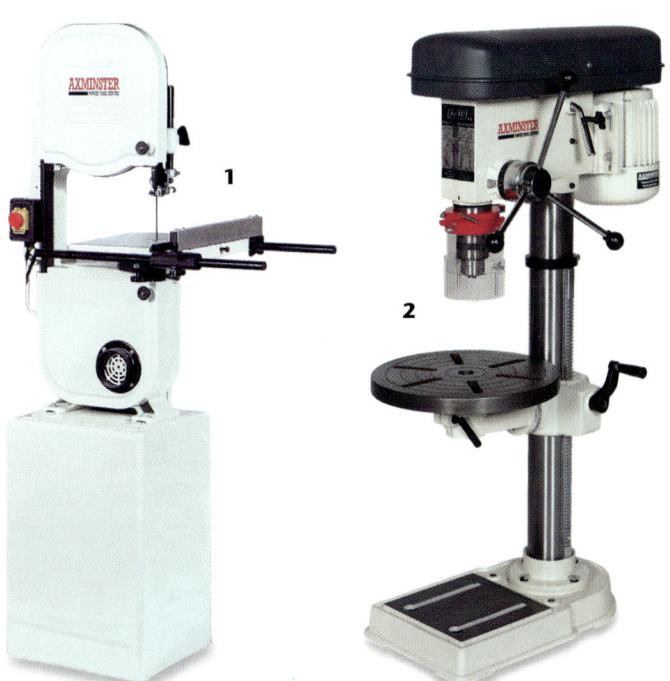

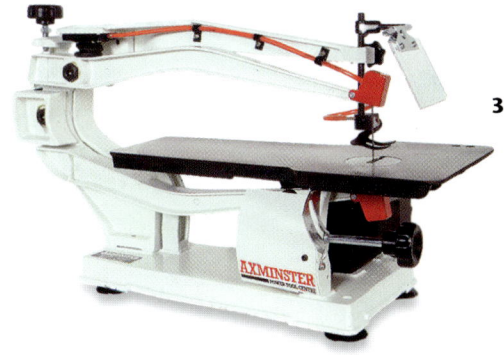

1 **Bandsäge:** *Eine Bandsäge ist das ideale Werkzeug für freie, meist geschweifte Schnitte.*
2 **Tischbohrmaschine:** *Mit einem Forstnerbohrer in einer Tischbohrmaschine kann man akkurate Löcher mit glatten Wandungen bohren.*
3 **Elektrische Laubsäge:** *Eine elektrische Laubsäge ist das ideale Werkzeug zum Schneiden enger Rundungen sowie für komplizierte Laubsägearbeiten.*

werden. Ich rate ebenfalls ab vom Kauf kleiner Zusatzgeräte für Ihre Grundausrüstung an Elektrowerkzeugen (siehe Seite 10), denn mit solchen Zusatzgeräten lassen sich die entsprechenden Arbeiten niemals so gut wie mit Spezialwerkzeugen ausführen. Da ist es besser, sie leihen sich zu Anfang Geräte von einem Bekannten und kaufen sich dann eigene, wenn Sie feststellen, dass Sie das eine oder andere Gerät häufiger benötigen.

GRUNDLEGENDE ELEKTROWERKZEUGE

Die meisten besitzen bereits eine Bohrmaschine und vielleicht auch verschiedene Aufsätze, zum Beispiel eine Schleifscheibe, eine Minidrehbank, einen Zinkenschneider o. ä. Das Problem mit diesen Aufsätzen ist, dass sich mit ihnen die entsprechenden Arbeiten zwar prinzipiell ausführen lassen, die Ergebnisse jedoch oft so enttäuschend sind, dass der Hobbytischler schon bald die Lust verliert. Ich rate Ihnen deshalb dazu, für spezielle Aufgaben auch Spezialwerkzeuge zu kaufen.

Akkubohrer Einen Akkubohrer sollte man immer dann einsetzen, wenn man nicht durch ein langes, herumhängendes Kabel gestört werden möchte. Ich besitze zwei dieser Bohrmaschinen, eine große und eine kleine. Mit der großen kann man außerdem auch Schrauben eindrehen. Dazu stellt man einfach die Drehzahl und die gewünschte Tiefe ein und schon kann es losgehen. Der Akku hält in der Regel den ganzen Tag, ohne dass ich ihn zwischendurch aufladen muss. Gill findet allerdings den großen Akkubohrer etwas zu schwer und arbeitet lieber mit der kleineren Ausführung, bei der sich der Akku im Griff befindet. Vergessen Sie am Ende eines Arbeitstages nicht, den Akku wieder aufzuladen!

Denken Sie auch daran, dass ein Akkubohrer nicht so leistungsfähig wie eine elektrische Bohrmaschine ist, Sie müssen sich also beim Bohren etwas mehr Zeit nehmen und dürfen nicht so viel Druck ausüben.

Stichsäge Eine Stichsäge hat auf der Unterseite eine flache Platte (Sägeschuh), aus der das Sägeblatt herausragt. Zum Sägen wird der Sägeschuh auf das Werkstück gesetzt, so dass das Sägeblatt etwas vor dem Holz steht, dann wird die Säge eingeschaltet und langsam entlang der Risslinie geführt. Das Sägeblatt wird dabei nicht einfach auf und ab geführt, sondern bei der Aufwärtsbewegung nach vorn und bei der Abwärtsbewegung wieder zurück bewegt (Pendelhub), so dass die Schnittfuge freigeräumt wird. Bei den meisten Stichsägen kann der Sägeschuh bis zu einem Winkel von 45° geneigt werden. Manche Stichsägen können Holz bis zu einer Dicke von 100 mm schneiden, sie eignen sich also für die meisten in diesem Buch vorgestellten Projekte.

Schleifmaschine Moderne Schleifmaschinen sind ziemlich ausgeklügelte Maschinen. Sie haben die Auswahl zwischen Bandschleifern, Exzenterschleifern, Deltaschleifern oder verschiedenen anderen Multischleifern. Wir verwenden zwei Schleifmaschinen: einen leistungsstarken Exzenterschleifer für große Flächen und einen kleinen dreieckigen Schleifer zum Abrunden von Kanten und für kleine Ecken.

SPEZIELLE ELEKTROWERKZEUGE

Oberfräsen Oberfräsen erledigen alle die Arbeiten, die früher mit den verschiedensten Handhobeln ausgeführt wurden. Es ist noch nicht lange her, da wurden alle Nuten, Profile, Falze und Zungen mit Hilfe von Stemmeisen und speziellen oder multifunktionellen Handhobeln ausgeschnitten. Heutzutage hat man für solche Tätigkeiten die Oberfräse. Die einen behaupten sie sei laut, potentiell sehr gefährlich, produziere viel Staub und überhaupt ein durch und durch unangenehmes Werkzeug und außerdem seien auch die Fräser sehr teuer. Die anderen meinen, die Oberfräse sei eine wunderbare Erfindung. Sicher macht die Arbeit mit der Oberfräse nicht halb so viel Spaß wie mit einem Hobel, das Ergebnis ist auch nicht unbedingt besser, es ist allerdings nicht abzustreiten, dass die Oberfräse um ein Vielfaches schneller arbeitet.

Für verschiedene Aufgaben gibt es Fräser unterschiedlicher Form und Größe. Die Form des Fräsers ist immer genau das Gegenstück zu dem zu fräsenden Profil – mit einem halbkugeligen Fräser kann man also eine Hohlkehle schneiden. Zum Fräsen hält man das Gerät entweder mit beiden Händen und bewegt es entlang des jeweiligen Risses oder man montiert die Oberfräse an einem Frästisch und bewegt das Werkstück über den Fräser bzw. seitlich am Fräser entlang.

Kreissäge für Gehrungsschnitte Eigentlich gehört die Kreissäge für Gehrungsschnitte eher zur Gruppe der Maschinen, es gibt jedoch inzwischen sehr kleine und tragbare Ausführungen, so dass der Unterschied zwischen Maschinen und Elektrowerkzeugen langsam verwischt. Die elektrische Gehrungssäge ist in erster Linie für Querschnitte gedacht, aber man kann damit auch Gehrungen und Winkel bis zu 45° sägen. Dazu legt man das Werkstück auf den Sägetisch, schaltet die

Säge ein und senkt das Sägeblatt bzw. zieht es über das Holz.

Lamellofräse Die Lamellofräse oder Schlitzfräse ist ein vielseitiges und einfach zu handhabendes Werkzeug zur Herstellung von verstärkten Verbindungen. Reißen Sie einfach die beiden zu verbindenden Holzstücke an (Kante an Kante oder im rechten Winkel zueinander), dann setzen Sie die Fräse auf den Riss, drücken auf den Knopf und schieben sie vorwärts. Dabei wird von einem kleinen Kreissägeblatt eine Nut ausgeschnitten. Drücken Sie Holzleim in beide Nuten, stecken Sie kleine Lamellofedern aus Pressholz dazwischen und verklammern Sie beide Holzstücke bis der Leim vollständig trocken ist.

Nützliche Elektrowerkzeuge: *1 Stichsäge zum Sägen von geschweiften Linien, 2 Oberfräse zum Schneiden von Nuten, Verbindungen und Profilen (Fräser: 3 Abrundfräser zum Formen einer Rundung an einer Kante, 4 Bündigfräser, 5 Gerader Nutfräser zum Fräsen von Nuten und Aussparungen, 6 Fasenfräser zum Fräsen von 45°-Schrägen an Kanten), 7 kleiner Varioschleifer zum Glätten flacher oder gewölbter Oberflächen (8 Schleifpapier mit Velcrorücken), 9 Akkubohrer und -schrauber*

ARBEITSSICHERHEIT

Die Holzbearbeitung, insbesondere mit Elektrowerkzeugen, ist nicht ungefährlich. Deshalb sollten Sie stets die folgenden Sicherheitshinweise beachten:

• Arbeiten Sie nicht mit Maschinen und Elektrowerkzeugen, wenn Sie zu müde sind, um sich noch konzentrieren zu können oder Medikamente nehmen, die die Konzentration beeinträchtigen.

• Lesen Sie vor der Arbeit die Gebrauchsanweisungen für die Maschinen und Werkzeuge.

• Achten Sie darauf, dass alle elektrischen Kabel und Stecker Ihrer Werkzeuge unversehrt sind.

• Sagen Sie einem Familienmitglied oder Mitbewohner Bescheid, wenn Sie mit Maschinen arbeiten.

• Achten Sie auf ausreichenden Arbeitsschutz (Staubmaske, Schutzbrille und Ohrenschützer, siehe Seite 13).

• Falls Sie lange Haare haben, binden Sie diese bei der Arbeit stets zusammen.

• Lassen Sie Kinder nicht unbeaufsichtigt in die Werkstatt.

• Die Werkstatt sollte mit einem Erste-Hilfe-Kasten ausgerüstet sein.

• Installieren Sie für den Fall eines Arbeitsunfalls ein Telefon in der Nähe der Werkstatt und notieren Sie dort die Nummer eines Arztes oder Krankenhauses.

• Halten Sie die Werkstatt verschlossen.

HANDWERKZEUGE

Hobbytischler benötigen eine ganze Reihe von Handwerkzeugen, angefangen von Anreißwerkzeugen über Sägen, Hobel, Stechwerkzeuge, Hämmer, Klüpfel, Messer und Zwingen.

Anreißwerkzeuge Die Holzbearbeitung beginnt immer mit dem Messen und Anreißen. Dazu benötigen Sie ein Bandmaß, Bleistifte und ein Lineal, einen Winkel und eine Schmiege, einen Stechzirkel zum Abnehmen und Übertragen von Messungen, einen Einsatzzirkel zum Anreißen von Kreisen, sowie ein Zapfenstreichmaß zum Anreißen von Holzverbindungen.

Sägen Die am häufigsten gebrauchte Säge ist die Zapfensäge zum Ablängen schmaler Holzleisten und zum Ausschneiden gröberer Details, die Fein-

säge für kleine Verbindungen und die Gehrungssäge zum Sägen in einem bestimmten Winkel. Kaufen Sie grundsätzlich Sägen bester Qualität, die man schärfen kann.

Hobel Sie benötigen drei Hobel: einen guten Schlichthobel zum Schlichten von Brettern, Glätten von Kanten und die Entfernung kleiner Unebenheiten, die maschinengehobelte Bretter noch aufweisen können, einen Hirnholzhobel zum Glätten von Hirnholz sowie zum Abhobeln von Zapfen, so dass diese bündig mit der Oberfläche abschließen, sowie einen Schabhobel zum Glätten gewölbter Oberflächen.

Stemm- und Stechwerkzeuge Ein Satz guter Stemmeisen ist sehr wichtig. Das Angebot an Stemm- und Stecheisen ist unübersehbar. Ich rate Ihnen deshalb, sich einen Satz Stemmeisen mit seitlichen Fasen zu kaufen, und zwar die besten, die Sie sich leisten können. Es ist außerdem nützlich, einen Schärfstein zu besitzen.

Häufig verwendete Handwerkzeuge und Bohrer:
1 Klüpfel, 2 Gehrungssäge, 3 Schraubzwinge, 4 Spannknecht , 5 Metalllineal, 6 Schlichthobel, 7 Tischlerhammer, 8 Schmiege, 9 Zapfenstreichmaß, 10 Winkel, 11 Feile, 12 Drechseleisen, 13 Schabhobel, 14 Hirnholzhobel, 15 Bandmaß, 16 Stechzirkel, 17 Einsatzzirkel, 18 Bleistift, 19 gro-ßes Taschenmesser, 20 kleines Taschenmesser, 21 Forstnerbohrer, 22 Kreuzschraubendreher, 23 Spiralbohrer, 24 Dübelschneider, 25 Versenker, 26 Inbusschlüssel, 27 Spitzzange, 28 verstellbarer Schraubenschlüssel, 29 Lötkolben, 30 Stecheisen mit seitlichen Fasen, 31 Feinsäge, 32 Zapfensäge, 33 kleine Bügelsäge

Hämmer und Klüpfel Ich verwende drei verschiedene Hämmer: einen großen Klauenhammer für schwere Arbeiten und zum Herausziehen von Nägeln und zwei unterschiedlich große Tischlerhämmer zum Nageln. Einen Klüpfel brauchen Sie dann, wenn Sie sichergehen wollen, dass das Werkstück und/oder Werkzeug durch den Schlag nicht beschädigt wird und das Schlagwerkzeug keinen Abdruck hinterlässt. Ein Zimmermannsklüpfel mit rechteckigem Kopf ist das ideale Werkzeug zum Treiben von Stemmeisen, ein großer Klüpfel mit rundem Kopf ist für schwerere Schläge oder für die Arbeit mit Bildhauereisen gedacht.

Messer Messer sind sehr nützliche Werkzeuge. Häufig benötigt man beispielsweise ein kleines Taschenmesser zum Schnitzen, ein altes Schnitzmesser zum Anreißen oder zum Nacharbeiten und ein großes Messer mit schräger Schneide zum Schnitzen von Dübeln. Ich habe die Erfahrung gemacht, dass alte Messer länger scharf bleiben. Man findet sie oft auf Trödelmärkten oder in Antikläden.

Zwingen und Spannelemente Man kann niemals zu viele Zwingen haben. Ich verwende verschiedene Zwingen mit langen Schienen, einen Schnellspanner, der wie der Schraubstock auf der Werkbank montiert ist, ein oder zwei neuartige Schnellspannelemente und eine ganze Reihe von C-Zwingen, die ich mir über die Jahre zugelegt habe. Kaufen Sie nur die besten Zwingen, immer zwei auf einmal und niemals gebrauchte oder billige Importe.

Metallbearbeitungswerkzeuge Außer den Holzwerkzeugen benötigen Sie auch eine kleine Metallsäge zum Kürzen von Nägeln und Zerschneiden von Gewindestäben, eine Feile zum Glätten von Sägekanten und Zangen für viele unterschiedliche Aufgaben. (Ich setzte außerdem einen elektrischen Lötkolben für Holzbrandtechniken ein: er ist zwar nicht dafür gedacht, aber damit ist die Arbeit sicher und effizient.)

ANDERE WERKZEUGE

Bohrer Sie brauchen Spiralbohrer für gewöhnliche Löcher und große Forstnerbohrer für spezielle Löcher. Wenn Sie es sich leisten können, kaufen Sie gleich einen ganzen Satz Forstnerbohrer. Sie sind zwar teuer, halten jedoch lange und bohren perfekte Löcher. Außerdem werden Sie einen Versenker brauchen zum Erweitern von Bohrlöchern für zu versenkende Schrauben sowie einen Stufenbohrer und passenden Dübelschneider zum Herstellen von Schraubverbindungen, bei denen die Schrauben durch Holzdübel verdeckt werden.

Drechselwerkzeuge Zum Drechseln benötigen Sie vor allem eine Drechselbank und einen Satz Drechselwerkzeuge, also Drechselröhren, ein Profileisen zum Schneiden von Nuten und zum Glätten, einen Abstechstahl zum Abstechen und zwei Schaber für allgemeine Arbeiten. Zu Anfang sollten Sie sich mit den Werkzeugen, die zusammen mit der Drechselbank geliefert werden, begnügen und erst über die Anschaffung spezieller Eisen nachdenken, wenn Sie schon etwas Erfahrung gesammelt haben.

ARBEITSSCHUTZAUSRÜSTUNG

Bei der Arbeit mit Maschinen, die viel Lärm machen und feinen Staub produzieren, braucht man mindestens einen einfachen Mundschutz, ein paar Ohrenschützer und eine Schutzbrille. Ich habe außerdem in eine Atemschutzmaske, die das gesamte Gesicht bedeckt, investiert. Darunter kann ich nicht nur meine Brille tragen, sondern die Luft wird gefiltert, ohne dass ein Atemschutz direkt auf dem Mund liegt und das Atmen erschwert. Sie sollten auch wissen, dass exotische Hölzer manchmal allergische Reaktionen hervorrufen. Ich vermeide diese Gefahr indem ich in den meisten Fällen europäische oder amerikanische Kiefer verwende.

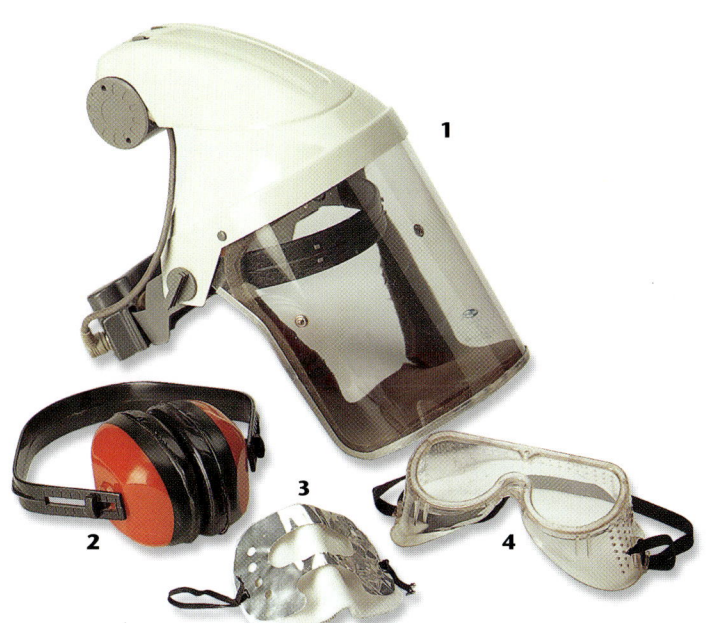

Arbeitsschutzausrüstung: *1 Atemschutzgerät mit Visier, Staubfilter und Luftgebläse, 2 Ohrenschutz, 3 Staubmaske für Arbeiten, bei denen wenig Staub anfällt, 4 Schutzbrille*

13

Holz und andere benötigte Materialien

Am besten kauft man Holz bei einem Spezialhändler, d. h. bei einer Firma, die nur Holz und Produkte zur Holzbe- und -verarbeitung vertreibt. Vom Verkäufer auf dem nächsten Baumarkt können Sie eine detaillierte Auskunft über die verfügbaren Produkte nicht erwarten und Sie werden dort auch nicht alles finden, was Sie benötigen. Ich rate Ihnen, das Holz für die Projekte in diesem Buch bereits fertig bearbeitet und etwa in den benötigten Abmessungen zu kaufen. Schauen Sie sich das Holz vor dem Kauf genau an und geben Sie alle Bretter, die eingerissen, verfärbt, verzogen, voller Astknoten sind oder anderweitige Fehler aufweisen zurück. Wenn ein Stück Holz Ihnen uncharakteristisch erscheint, suchen Sie nach einem anderen. Gehen Sie immer mit einer Materialliste und einem Gliedermaßstab zum Holzeinkauf sowie mit einer klaren Vorstellung davon, was Sie benötigen. Im Idealfall arbeiten bei Ihrem Holzhändler freundliche und sachkundige Verkäufer, die die benötigten Bretter auf Maß zuschneiden, ohne dass dabei die Sägekanten aufsplittern, und die Ihnen garantieren können, dass alle Kanten rechtwinklig sind. Sicher werden Sie bei so einem Händler etwas mehr als anderswo bezahlen, dafür zahlen Sie jedoch nicht für Holz, das sich später als unbrauchbar erweist. Nehmen Sie immer auch die Abfallstücke mit!

HOLZARTEN

Schwedische Kiefer Das Holz der Schwedischen Kiefer ist ein geradfaseriges, cremefarbenes Weichholz. Es ist leicht zu bearbeiten, hat eine attraktive Maserung und nur wenige Astknoten – das ideale Holz für die meisten Projekte in diesem Buch.

Leimholz aus schwedischer Kiefer Wenn ich kein Brett finden kann, dass für meine Zwecke breit genug ist, verwende ich meist Leimholz aus schwedischer Kiefer. Zur Herstellung von Leimholz wird die Kiefer in schmale Streifen gesägt, die dann zu Brettern verleimt werden. Leimholz eignet sich gut für Möbelkomponenten, wie zum Beispiel die Seitenwände einer Truhe. Verwenden Sie jedoch kein Leimholz für Garten- oder Terrassenmöbel!

Esche Das Holz der Esche ist ein langfaseriges, festes, grau bis rotbraunes Hartholz, das traditionell für Gegenstände verwendet wird, die eine hohe Festigkeit aufweisen müssen. Es ist eine gute Wahl für viele der hier vorgestellten Projekte.

Ahorn Dieses cremefarbene Hartholz eignet sich ausgezeichnet für moderne Möbel. Ich habe es für den Küchenwagen verwendet. Die fertig bearbeitete Oberfläche wird sehr glatt.

Amerikanische Eiche Dieses Hartholz hat eine rötlichbraune Farbe und sehr schöne, gerade Fasern. Obwohl es sehr fest ist, lässt es sich relativ leicht bearbeiten.

Amerikanische Kirsche Das Holz der Amerikanischen Kirsche ist ein cremefarbenes, rötlich-braunes, geradfaseriges Hartholz mit feiner Textur. Es ist teuer, aber eine gute Wahl, wenn Sie auf eine harte, glänzende Oberfläche Wert legen. Betonen Sie, dass Sie amerikanische Kirsche möchten, denn davon gibt es viel breitere Bretter als vom Holz der europäischen Arten.

Amerikanisches Mahagoni Ein rotbraunes, geradfaseriges Hartholz mit gleichmäßiger Textur. Ich vermeide es im Allgemeinen Mahagoni einzusetzen, da der Baum einer gefährdeten Art angehört und ich außerdem den sehr feinen Staub nicht mag, doch manchmal verwende ich Reste von alten Türen. Das Holz eignet sich gut für sehr kleine Details.

VERARBEITUNGSFERTIGES HOLZ

Verarbeitungsfertiges Holz ist bereits gehobelt und abgerichtet. Sie können es auf Maß zugeschnitten bestellen. Wenn Sie jedoch selbst gern sägen und hobeln, kaufen Sie Holz, das nur getrocknet und sägerau ist.

SPERRHOLZ

Für einige Projekte in diesem Buch benötigt man Sperrholz der Birke, dass aus mehreren Furnierschichten besteht. Birkensperrholz ist einfach zu verarbeiten. Die gesägten und gehobelten Kanten sind immer sauber.

EINIGE HOLZARTEN UND MÖGLICHE OBERFLÄCHENBEHANDLUNGEN

Holzarten (und mögliche Oberflächenbehandlung): *1 Schwedische Kiefer (mit Teaköl behandelt), 2 Esche (mit Teaköl behandelt), 3 Ahorn (mit Teaköl behandelt), 4 Amerikanische Eiche (mit Danish Oil behandelt),* *5 Amerikanische Kirsche (mit Danish Oil behandelt), 6 Amerikanisches Mahagoni (mit Danish Oil behandelt), 7 Amerikanische Eiche (gebürstet, geölt), 8 Schwedische Kiefer (lasiert), 9 Schwedische Kiefer (mit Acrylfarbe gestrichen)*

BEFESTIGUNGSMITTEL UND VERBINDUNGSELEMENTE

Es gibt unendlich viele verschiedene Befestigungsmittel, Schrauben, Nägel und Beschläge auf dem Markt, ich selbst verwende jedoch in der Regel nur Stahl- und Messingschrauben, Nägel, und Gewindestäbe (die ich auf die erforderliche Länge schneide) zusammen mit Unterlegschrauben und Muttern oder Messing-*Hülsenschrauben* und Exzenterverbindern, Holzdübel und Verbindungsblöcke aus Kunststoff. Möglicherweise sind Ihnen die Messing-*Hülsenschrauben* (Abb. 5) noch nicht bekannt. Wenn Sie sich den Terrassenstuhl auf den Seiten 130–135 ansehen, dann sehen Sie, wie man damit Bretter im rechten Winkel zueinander montieren kann, ohne dazu eine schwierige traditionelle Holzverbindung herstellen zu müssen. Außerdem kann man ein so montiertes Möbelstück für Transportzwecke wieder auseinander nehmen. Die meisten modernen Befestigungsmittel sind für die unsichtbare Verwendung gedacht.

BESCHLÄGE UND SCHARNIERE

Bei den Projekten in diesem Buch werden vier Arten von Scharnieren verwendet: zwei unterschiedlich geformte Scharniere (eines zum Aufschrauben, das andere eingelassen), Messinghaken und Möbelrollen. Zu diesen Zubehörteilen gibt es nicht viel zu sagen, nur, dass Sie mit dem Kauf besser warten sollten, bis das dazugehörige Werkstück schon fast fertig ist. Beim Kauf von Scharnieren sollten Sie auch gleich die dazu passenden Schrauben auswählen. Was die Knäufe und Griffe angeht, so ziehe ich es vor, diese selbst zu schnitzen, wie zum Beispiel für das Badschränkchen (Seiten 88–93) und den kleinen Schrank im Landhausstil (Seiten 124–129). Ich suche mir dazu ein geeignetes Stück Abfallholz, entweder ein Stück geradfaserige Kiefer oder ein Stück Lindenholz, nehme mir mein Taschenmesser und schnitze so lange, bis mir die Form des Knaufes oder Griffes gefällt.

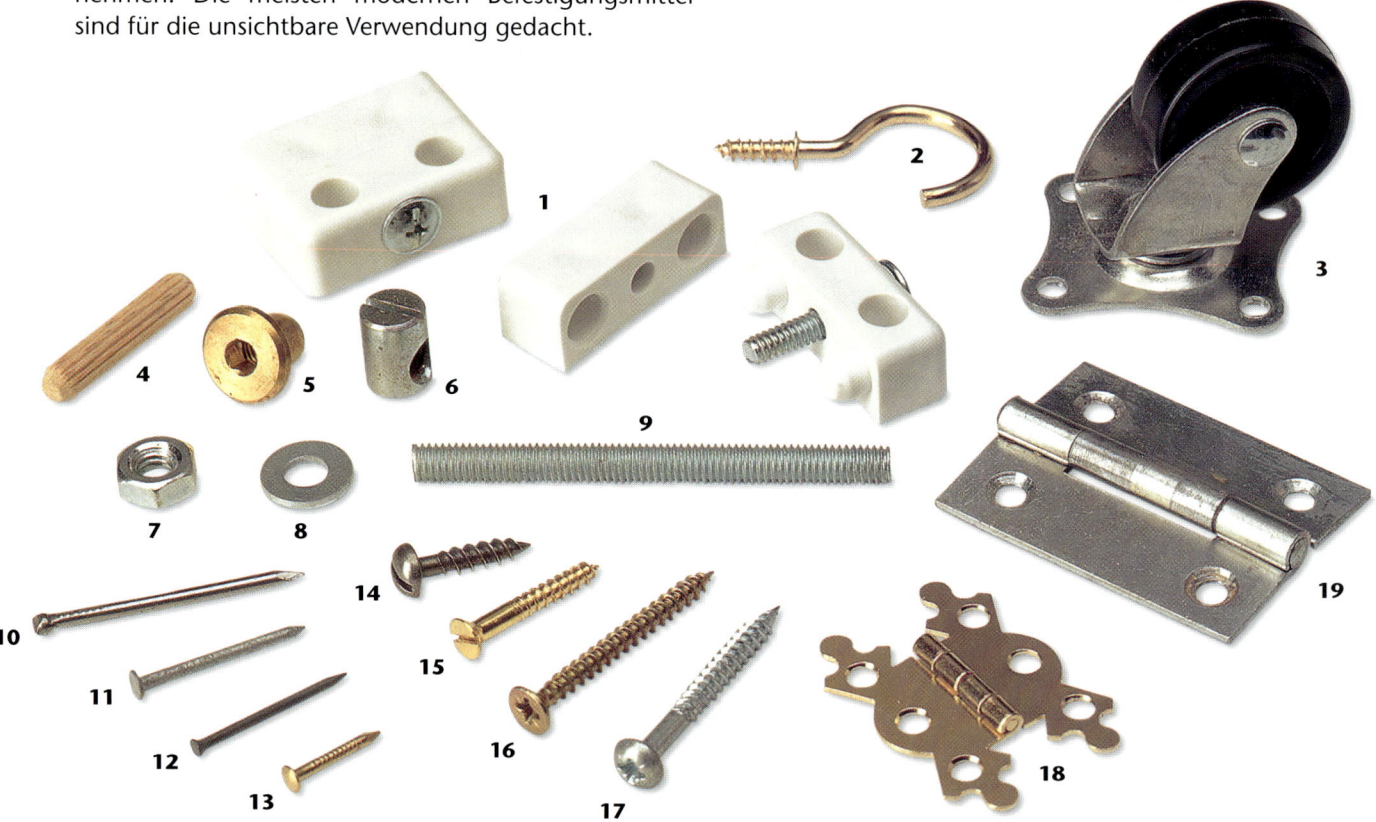

Nützliche Verbindungselemente: 1 Verbindungsblöcke aus Kunststoff, 2 Messinghaken, 3 Möbelrolle, 4 Holzdübel, 5 Messing-Einschraubhülse, 6 Exzenterverbinder, 7 Sechskantmutter, 8 Unterlegscheibe, 9 Gewindestange (wird als Meterstück verkauft), 10 Nagel mit ovalem Kopf, 11 Galvanisierter Nagel mit flachem Kopf, 12 Schwarzer Stahlstift, 13 Messingstift mit abgerundetem Kopf, 14 Schlitzschraube mit rundem Kopf, 15 Schlitzschraube mit Senkkopf, 16 Kreuzschlitzschraube mit Senkkopf, 17 Kreuzschlitzschraube mit rundem Kopf, 18 Möbelscharnier zum Aufschrauben, 19 Möbelscharnier zum Einlassen mit Löchern für Senkkopfschrauben.

LEIM

Es gibt eine Vielzahl verschiedener Leimarten zu kaufen. Für alle Projekte in diesem Buch sollten Sie jedoch PVA-Leim (Weißleim) verwenden. Tragen Sie den Leim direkt aus der Kunststoffflasche auf und streichen Sie ihn auf beide zu verleimende Oberflächen. Dann spannen Sie die beiden Teile fest zusammen bis der Leim vollständig ausgehärtet ist.

OBERFLÄCHENBEHANDLUNG

Zum Glück sind die dicken braunen und hochglänzenden Oberflächen inzwischen aus der Mode gekommen. Stattdessen werden häufiger traditionelle Mittel zur Oberflächenbehandlung eingesetzt, wie zum Beispiel Teaköl und Danish Oil oder auch Lasuren zusammen mit Öl und Bienenwachs. Achten Sie beim Lasieren darauf, dass der Pinsel nicht tropft und dass während des Trocknens kein Staub auf die Oberflächen gelangt. Öl ist in dieser Hinsicht einfacher zu verarbeiten. Ich verwende Teaköl und Danish Oil direkt aus der Flasche und trage es entweder mit einem Lappen oder einem Pinsel auf. Zweikomponentenlacke sind sehr gut aufzusprühen, jedoch für die häusliche Werkstatt nicht geeignet, da sie eine spezielle Lüftung erfordern. Lasuren können Sie herstellen, indem Sie Acrylfarbe mit Wasser verdünnen. Wenn mir an einer glänzenden Oberfläche liegt, warte ich einfach, bis das Öl oder die Lasur getrocknet ist, bearbeite die Oberfläche noch einmal mit feinkörnigem Schleifpapier und poliere sie zum Schluss mit reinem Bienenwachs.

Leim und Produkte zur Oberflächenbehandlung: *1 PVA-Leim (Weißleim), 2 Teaköl, 3 Lasur auf Acrylbasis, 4 Danish Oil, 5 Polierlappen, 6 fusselfreies Baumwolltuch, 7 Bienenwachspolitur, 8 Schleifblock, 9 Granatschleifpapier, 10 Silikonkarbidpapier, 11 Aluminiumoxidpapier, 12 Drahtbürste.*

Grundlegende Techniken

Holzbearbeitung ist wie Verreisen. Der Aufbruch ist aufregend und man freut sich, wenn man sein Ziel erreicht hat, doch ein Großteil der Faszination besteht in all den Abenteuern, die man zwischen Aufbruch und Ankommen erlebt. Natürlich ist es ein wunderbares Gefühl, wenn Sie Verwandten oder Freunden etwas schenken können, dass Sie selbst hergestellt haben, doch der Weg zu diesem Ergebnis ist mindestens genauso erfüllend. Ich denke da an die unzähligen faszinierenden Momente der Holzbearbeitung, wenn man zum Beispiel mit dem Daumen die Schärfe einer Klinge prüft, das Holz riecht oder seine Textur fühlt, einen glatten Schnitt ausführt usw. Das folgende Kapitel zeigt Ihnen, wie Sie die verschiedenen Werkzeuge einsetzen um bestimmte Formen, Verbindungen oder Oberflächen zu erhalten. Sollten Sie sich über die Funktionsweise eines Werkzeugs oder die Eignung einer bestimmten Holzart unsicher sein, empfiehlt es sich, die Technik oder die Handhabung des jeweiligen Werkzeugs an Abfallstücken zu üben. Bemühen Sie sich, Ihren Arbeitstisch immer in Ordnung zu halten – manche Holzbearbeiter haben es sich zur Regel gemacht, vor dem Beginn eines neuen Projektes alle Handwerkzeuge zu säubern und zu schärfen, die Werkstatt aufzuräumen und die Elektrowerkzeuge und Maschinen zu warten.

VORBEREITUNG VON HOLZ

Wenn Sie sich für ein Projekt entschieden haben, sollten Sie alle dafür vorgesehenen Bretter zur Hand nehmen und entsprechend sortieren. Kennzeichnen Sie auf jedem Teil die Ober- und Unterseite, die rechte und die linke Kante, sowie die Position des einzelnen Teils im Werkstück. Markieren Sie mit Hilfe von Bleistift und Lineal alle Längenmaße und reißen Sie alle Schnittlinien an. Verwenden Sie einen Zirkel um Abmessungen von der Zeichnung auf das Werkstück zu übertragen oder um Kreislinien anzureißen.

Mit Hilfe eines Streichmaßes reißen Sie Linien für Verbindungen an bzw. markieren den Riss falls es nötig sein sollte, ein Brett schmaler zu sägen. Winkel können mit einer Schmiege angerissen werden.

Falls das Projekt Teile enthält, die paarweise auftreten,

markieren Sie beide Teile gleichzeitig und denken Sie daran, dass eines spiegelbildlich zum anderen angeordnet ist. Eine präzise auszusägende Verbindung sollte möglichst mit einem Messer angerissen werden. Ein weiterer guter Rat ist, alle Abfallstücke zu schraffieren, so dass Sie sofort sehen, wo der Schnitt anzusetzen ist.

AUSSÄGEN GESCHWEIFTER FORMEN

Zum Aussägen von geschweiften Formen kann man entweder eine Stichsäge, eine Laubsäge, eine Bandsäge oder eine geeignete Handsäge verwenden. Eine Stichsäge eignet sich zum Aussägen von rauen Kurven in dickem Holz, wenn der Riss ausreichend weit von der Kante des Werkstückes entfernt ist (Abb. 1). Setzen Sie dazu den Sägeschuh der Stichsäge auf die angerissene Linie, schalten Sie die Säge ein und führen Sie diese langsam entlang des Risses. Die Sägeschuhe von Stichsägen sind beweglich, so dass man den Sägewinkel variieren kann. Es gibt verschiedene Arten von Sägeblättern, die man je nach Art und Dicke des Materials auswählt.

Zum Aussägen schmaler Kurven in Holz mit einer

Abb. 1

Stärke von weniger als 50 mm (Abb. 2) sollten Sie eine elektrische Laubsäge verwenden. Setzen Sie ein neues Blatt ein und spannen Sie das Blatt bis Sie einen hellen Ton hören, wenn Sie daran zupfen. Dann legen Sie das Werkstück auf den Sägetisch, schalten die Säge ein und führen sie so, dass das Blatt entlang des Risses schneidet. Wenn Sie feststellen, dass Sie sich von der angerissenen Linie entfernen oder dass sich das Sägeblatt biegt, ziehen Sie das Werkstück etwas zurück und setzen das Sägeblatt neu an. Zum Aussägen eines „Fensters" in einem Holzstück gibt es zwei Möglichkeiten. Entweder Sie beginnen den Schnitt an einer Kante oder Sie bohren ein Loch durch das schraffierte Abfallstück, spannen das Sägeblatt aus, stecken es durch dieses Loch, spannen es wieder ein und beginnen wie oben beschrieben mit dem Sägen.

der herausgezogen werden um den Abfall zu entfernen und ein Überhitzen des Bohrers zu vermeiden. Falls Sie viele Löcher in mehrere gleiche Teile bohren müssen, wie zum Beispiel für die Saunabank auf den Seiten 98 bis 101, ist es ratsam, aus Abfallstücken eine Schablone zu bauen, d. h. einen Anschlag der in dem erforderlichen Abstand auf ein Brett geschraubt wird, das wiederum auf dem Bohrtisch befestigt wird.

Eine elektrische Bohrmaschine mit Spiralbohrern eignet sich zum Bohren von Löchern für Schrauben oder von Führungslöchern für Nägel. Falls Sie die Wahl haben, verwenden Sie einen Akkubohrer, dann laufen Sie nicht Gefahr, sich in der Kabelschnur zu verheddern. Zum Bohren schalten Sie einfach den Strom ein, setzen die Spitze des Bohrers auf den markierten Mittelpunkt, achten darauf, dass der Bohrer rechtwinklig zum Werkstück steht und bohren dann das Loch. Für ein Werkstück mit vielen Schrauben bietet ein Schraubendreheraufsatz oder ein Akkuschrauber eine große Arbeitserleichterung (Abb. 4).

Abb. 2

BOHREN VON LÖCHERN

Zum Bohren großer, präziser Löcher mit glatten Wandungen sollten Sie eine Tischbohrmaschine mit einem Forstnerbohrer verwenden (Abb. 3). Legen Sie den Mittelpunkt der Bohrung fest, setzen Sie den richtigen Bohrer ein, schieben Sie einen Tiefensteller darauf und spannen Sie das Werkstück fest auf den Tisch der Bohrmaschine. Das dauert etwas, aber die investierte Zeit lohnt sich, denn man erhält auf diese Weise eine präzise Bohrung mit glatter Wandung und kann gefahrlos arbeiten. Bewegen Sie den Bohrer nach unten, so dass sich die Spitze direkt über dem angerissenen Mittelpunkt befindet, dann schalten Sie den Strom ein und bohren das Loch. Bei tiefen Löchern sollte der Bohrer zwischendurch immer wie-

Abb. 3

Abb. 4

HOBELN MIT DEM HANDHOBEL

Hobeln ist eine faszinierende Arbeit, vorausgesetzt das Hobeleisen ist scharf und Sie nehmen sich genügend Zeit. Zur Bearbeitung beider Seiten und der langen Kanten eines Brettes in Faserrichtung verwende ich einen Schlichthobel (Abb. 5). Achten Sie darauf, dass das Werkstück sicher eingespannt ist, stellen Sie das Hobeleisen zu und testen Sie, ob es weit genug aus dem Hobelmaul schaut. Bei der Bearbeitung von Kanten sollten Sie den Hobel leicht schräg zur Kantenfläche führen und dabei die Finger der linken Hand unter die Hobelsohle legen, damit der Hobel rechtwinklig zur Oberfläche der Kante steht.

Der Hirnholzhobel ist das ideale Werkzeug zum Bre-

Abb. 5

chen scharfer Kanten (Abb. 6) und zum Glätten der Hirnholzflächen eines Brettes. Stellen Sie das Eisen so zu, dass nur ein hauchdünner Span abgehoben wird, testen Sie die Einstellung an einem Abfallstück und beginnen Sie dann zu hobeln. Bei der Bearbeitung von Hirnholz ist darauf zu achten, dass Sie nicht von der Hobelrichtung abkommen, denn dadurch können Fasern absplittern (Abb. 7).

Abb. 6

Abb. 7

AUSSTECHEN EINES ZAPFENLOCHES

Reißen Sie das Zapfenloch mit Bleistift, Lineal, Winkel und eventuell einem Messer an. Als Nächstes bohren Sie an der Tischbohrmaschine mit einem geeigneten Bohrer den größten Teil des Abfalls aus (Abb. 8). Achten Sie dabei darauf, dass Sie nicht zu nahe an den Kanten des Zapfenloches bohren. Schütteln Sie den Abfall aus dem Bohrloch, spannen Sie das Werkstück so in den Schraubstock, dass die zu bearbeitende Fläche nach oben zeigt und nehmen Sie dann ein passendes Stecheisen mit seitlichen Fasen, mit dem Sie das Holz an den Kanten des Zapfenloches sauber herunterstechen (Abb. 9). Halten Sie das Stecheisen senkrecht, so dass Sie die Kanten nicht beschädigen. Nachdem Sie das Zapfenloch zur Hälfte ausgestochen haben, drehen Sie das Werkstück herum und stellen es von der anderen Seite fertig.

Abb. 8

Abb. 9

FRÄSEN EINES ZAPFENLOCHES

Je nach Größe und Lage des Zapfenloches kann man dieses auch mit der Oberfräse ausschneiden. Sie können die Fräse dazu entweder mit der Hand führen oder zur Herstellung eines einseitig offenen Zapfenloches (Abb. 10) die Fräse an dem dazugehörigen Tisch montieren und von der einen Seite beginnend eine Nut fräsen. Zuvor ist natürlich der Anschlag und die Frästiefe genau einzustellen. Testen Sie jede Einstellung an einem Stück Abfall, bevor Sie mit der Bearbeitung des Werkstückes beginnen. Es ist am günstigsten, das Zapfenloch in mehreren Arbeitsgängen zu schneiden um die Fräse nicht zu überlasten. Nach jedem Arbeitsgang ist der Abfall zu entfernen, so dass sich der Fräser nicht überhitzt.

ZAPFEN SCHNEIDEN PER HAND

Reißen Sie als Erstes mit Winkel und Messer die Brüstungslinie (Länge des Zapfens) an, dann die Tiefe und Breite mit einem Streichmaß. Der Abfall ist mit einer Zapfensäge auszusägen: Sägen Sie zuerst auf allen vier Seiten des Zapfens bis auf die Brüstungslinie herunter, wobei die Säge auf der Verschnittseite der mit dem Streichmaß angerissenen Linie zu führen ist. Nun sägen Sie auf allen vier Seiten quer zur Faser auf der Verschnittseite der angerissenen Brüstungslinie und entfernen die Abfallstücke. Mit Hilfe eines Stecheisens säubern Sie den Zapfen und nehmen, wenn nötig, noch etwas Holz weg, bis die gewünschten Dimensionen erreicht sind.

FRÄSEN EINES ZAPFENS

Wenn für ein Projekt viele Zapfen zu schneiden sind oder wenn Sie gern mit Maschinen arbeiten, ist eine Fräse mit dem dazugehörigen Tisch ein sehr hilfreiches Werkzeug, vorausgesetzt das zu bearbeitende Holzstück ist nicht zu groß für den Tisch der Fräse. In einem solchen Fall ist es besser, das Werkstück auf die Werkbank zu spannen und die Fräse mit der Hand zu führen. Stellen Sie den Anschlag auf die Länge des Zapfens und den Fräser auf die erforderliche Höhe ein, dann drücken Sie das Werkstück fest gegen den Anschlag und nehmen den Abfall in mehreren Arbeitsgängen weg (Abb. 11). Wenn das Ende das Zapfens den Anschlag erreicht, drehen Sie das Werkstück um und wiederholen die Arbeitsgänge von der anderen Seite. Fräsen Sie nur bis kurz vor die Brüstungslinie, dann können Sie die Kanten zum Schluss mit einem Stecheisen sauber herunterstechen.

Abb. 10

Abb. 11

FRÄSEN EINER NUT IN FASERRICHTUNG

Zum Fräsen einer 6 mm breiten und 4 mm tiefen Nut, die sich 10 mm von der Kante eines Brettes entfernt befindet, sind die folgenden Arbeitsschritte auszuführen: Montieren Sie die Fräse an dem dazugehörigen Tisch und setzen Sie einen 6-mm-Nutfräser ein. Stellen Sie den Anschlag auf 10 mm. Justieren Sie den Fräser so, dass er 2 mm über den Frästisch herausragt. Schalten Sie die Fräse ein und führen Sie das Werkstück entlang des Anschlags um eine Nut mit einer Tiefe von 2 mm zu fräsen (Abb. 12). Danach stellen Sie den Fräser 2 mm höher und fahren erneut entlang der Nut, die in diesem zweiten Arbeitsgang bis zu einer Tiefe von 4 mm ausgefräst wird.

FRÄSEN EINES FALZES AM ENDE EINES BRETTES

Zum Fräsen eines Falzes mit einer Breite von 10 mm und einer Tiefe von 4 mm benötigen Sie einen geraden Fräser, der schmaler ist als die Breite des Falzes, zum Beispiel 5 mm. Montieren Sie die Fräse an dem dazugehörigen Tisch und setzen Sie den Fräser ein. Stellen Sie den Anschlag auf einen Abstand von 5 mm zum hinteren Ende des Fräsers und die Fräshöhe auf 2 mm ein. Schalten Sie die Fräse ein. Drücken Sie das Werkstück gegen den Anschlag und führen Sie einen Schnitt aus, der etwa 5 mm in das Hirnholz des Brettes hinein reicht. Im zweiten Arbeitsgang schneiden Sie dann bis zur vollen Breite des Falzes von 10 mm. Schalten Sie die Fräse aus, stellen Sie den Fräser auf eine Höhe von 4 mm und wiederholen Sie die oben beschriebenen Arbeitsschritte (Abb. 13).

FREIHÄNDIGES FRÄSEN EINER AUSSPARUNG

Spannen Sie das Werkstück auf die Werkbank. Setzen Sie einen Fräser ein, der entweder so groß wie die Breite der gewünschten Aussparung oder kleiner ist und stellen Sie den Tiefenanschlag ein. Spannen Sie parallel zur Nut eine hölzerne Anschlagleiste so über das Werkstück, dass die Fräse auf der Verschnittseite des Risses entlang fährt. Setzen Sie die Fräse auf das Werkstück, wobei Sie die Grundplatte gegen den Anschlag drücken, schalten Sie den Strom ein und warten Sie, bis der Fräser die volle Umdrehungszahl erreicht hat. Dann fräsen Sie die Nut. Falls der Fräser schmaler als die gewünschte Aussparung ist, schieben Sie den Anschlag entsprechend weiter heran und fräsen ein zweites Mal, bis die erforderliche Tiefe und Breite erreicht sind (Abb. 14).

Abb. 12

Abb. 13

Abb. 14

FRÄSEN VON KANTENPROFILEN

Das Formen eines Profils an der Kante eines Brettes ist eine der einfachsten Fräsarbeiten. Montieren Sie die Oberfräse an dem zugehörigen Tisch und setzen Sie den gewünschten Fräser, z. B. Hohlkehlfräser (Abb. 15) oder Abrundfräser (Abb. 16) ein. Verwenden Sie einen Fräser mit einem Führungszapfen oder einem Kugellageranlaufring. Schieben Sie den Anschlag dorthin, wo er Sie nicht beim Arbeiten stört. Schalten Sie den Strom ein und warten Sie, bis der Fräser die volle Drehzahl erreicht hat. Nun drücken Sie das Werkstück auf den Tisch und führen es wiederholt am Fräser entlang. Arbeiten Sie mit leichten, kontrollierten Bewegungen, so dass der Fräser auf der rechten Seite in das Holz schneidet und links wieder austritt. Fahren Sie fort, bis sich das Werkstück am Kugellageranlaufring reibt, in diesem Moment hört der Fräser auf zu schneiden. Falls die Profilkante

Abb. 15

Abb. 16

verbrannt aussieht, kann das entweder daran liegen, dass der Fräser stumpf ist oder Sie das Werkstück zu langsam vorwärts bewegt haben.

FRÄSEN MIT EINER SCHABLONE

Wenn man mehrere identisch geformte Teile mit auf allen Seiten glatt gefrästen Kanten herstellen möchte, verwendet man in der Regel eine Schablone. Als Erstes müssen die Teile ungefähr auf das gewünschte Maß zugesägt werden, wobei man nirgends mehr als 4 – 5 mm abzufräsenden Rand stehen lässt. Nun montieren Sie einen Kopierring auf die Grundplatte der Fräse. Aus einem Stück Sperrholz fertigen Sie die Schablone, die dick genug sein muss, damit der Kopierring nicht auf dem Werkstück aufsitzt und befestigen diese direkt auf der Oberfläche des Brettes, dass Sie fräsen möchten. Schalten Sie den Strom ein und warten Sie, bis die Fräse auf vollen Touren läuft, dann fräsen Sie entlang der Kante der Schablone. Statt einer Schablone kann man natürlich auch ein fertiges Originalstück verwenden.

SÄGEN VON GEHRUNGEN MIT EINER GEHRUNGSSÄGE

Eine Gehrungssäge löst alle Probleme mit Schnitten in einem bestimmten Winkel. Stellen Sie einfach das Sägeblatt in der Führung auf den von Ihnen gewählten Winkel, das kann ein Winkel von 90°, 45°, 36°, 22,5° oder 15° ein. Nun justieren Sie die Tiefeneinstellung. Legen Sie das Werkstück auf den Sägetisch, drücken Sie es fest gegen den Anschlag und dann sägen Sie vorsichtig entlang der Schnittlinie.

Abb. 17

NAGELN

Soll der Nagel in der Nähe einer Kante oder an einer Stelle, an der das Holz aufspalten könnte eingeschlagen werden oder möchten Sie sicher sein, dass der Nagel gerade in das Holz geht, dann sollten Sie mit einer elektrischen Bohrmaschine ein Führungsloch bohren, wobei der Durchmesser des Bohrers etwas kleiner sein muss als der des Nagels. Setzen Sie die Spitze des Nagels in dieses Führungsloch, nehmen Sie einen geeigneten Hammer und schlagen Sie den Nagel mit mehreren gezielten Schlägen (Abb. 18) ein, wobei Sie die Länge des Nagels so wählen sollten, dass die Spitze nicht auf der anderen Seite des Werkstückes heraus schaut. Sollte der Nagel schräg eindringen, nehmen Sie eine Zange oder einen Klauenhammer und ziehen ihn wieder heraus. Wenn Sie mit sehr dünnen Stiften arbeiten, die schwierig zu halten und einzuschlagen sind, sollten Sie eine Spitzzange zu Hilfe nehmen.

Abb. 18

SCHRAUBEN

Bei Schrauben haben Sie die Wahl zwischen weichem Stahl, rostfreiem Stahl, Messing oder Aluminium (entweder Kreuzkopfschrauben oder Schlitzschrauben) mit verschiedenen Senkköpfen oder Rundköpfen.

Schrauben mit Rundköpfen sitzen auf der Holzoberfläche auf, solche mit Senkköpfen schließen bündig mit der Oberfläche ab oder sind unter einer Messingkappe bzw. einem Holzdübel versteckt. Schrauben werden mit einem Kreuz- oder Flachschraubendreher eingedreht, entweder per Hand oder mit einem Akkuschrauber (Abb. 19). Wenn Sie einen Akkuschrauber verwenden, stellen Sie die Rutschkupplung ein, so dass die Schraube nicht zu tief eingedreht wird. In weichem

Holz, können Sie mit der Ahle (Abb. 20) ein Führungsloch vorstechen, in Hartholz bohren Sie das Führungsloch mit einem kleinen Bohrer. Falls Sie die Schraube durch einen Holzdübel verdecken möchten, benötigen Sie einen Stufenbohrer, mit dem Sie das Führungsloch für die Schraube und das Loch für den Dübel in einem Arbeitsgang bohren können. Man sollte das Bohren und Eindrehen der Schrauben erst einmal an einem Stück Abfallholz ausprobieren. Verwenden Sie übrigens in Eichenholz keine Stahlschrauben, denn sie reagieren mit dem Holz und der Feuchtigkeit und verursachen Flecke. Arbeiten Sie stattdessen mit Messing- oder Edelstahlschrauben.

Abb. 19

Abb. 20

DRECHSELN

Wenn Sie Gegenstände mit rundem Querschnitt, wie zum Beispiel Stuhlbeine, Schüsseln und Teller herstellen möchten, können Sie das nur an einer Drechselbank tun. Kaufen Sie die schwerste Drechselbank mit dem stärksten Motor, den Sie sich leisten können – eine mit einem flexiblen Spannfutter und einem Satz Planscheiben. Spindel- und zylinderförmige Werkstücke werden in der Regel zwischen den beiden Spitzen gedrechselt (Abb. 21), Schüsseln und Schalen jedoch meist auf einer Planscheibe. Die besten Drechselbänke sind so konstruiert, dass man große Planscheiben auch an der äußeren Seite der Antriebswelle montieren kann (Abb. 22). Zum Drechseln benötigen Sie verschiedene Drechselwerkzeuge: Drechselröhren, einen Abstechstahl, einen Meißel mit schräger Schneide und Halbrundschaber. Drechselbänke können sehr gefährlich sein, beachten Sie deshalb stets die Sicherheitshinweise in der Bedienungsanleitung.

Abb. 21

Abb. 22

SCHNITZEN

Alles, was Sie zum Schnitzen von Türgriffen und Knäufen benötigen, ist ein gutes, scharfes Messer (kein Edelstahl). Holz zum Schnitzen sollte glatte Fasern haben. Nehmen Sie das Holzstück in die eine und das Messer in die andere Hand und halten Sie mit dem Daumen dagegen, wenn Sie das Messer zu sich hin ziehen (Abb. 23). Ein guter Schnitzer wird man nur durch viel Übung. Für Ihre ersten Versuche empfehlen wir ein Stück Lindenholz.

Abb. 23

ANBRINGEN VON SCHARNIEREN

Wir verwenden für die Projekte in diesem Buch zwei Arten von Scharnieren: dekorative Messingscharniere, die auf die Oberfläche des Werkstückes geschraubt werden und Stahlscharniere, die in eine Vertiefung eingesetzt und mit Senkkopfschrauben befestigt werden. Die Vertiefung zum Einlassen des Scharniers ist zuerst mit einem spitzen Messer anzureißen. Dann stechen Sie das Holz auf der Verschnittseite des Risses mit einem Stecheisen herunter. Arbeiten Sie vorsichtig, so dass die Aussparung nicht zu groß gerät und das Scharnier gerade so hinein gedrückt werden kann. Achten Sie beim Stemmen auch darauf, dass die umliegenden Fasern nicht angehoben werden. Wenn Sie sich beim Ausstemmen von Aussparungen noch unsicher sind, sollten Sie erst mehrere Versuche mit Abfallstücken machen oder Scharniere kaufen, die direkt auf die Oberfläche geschraubt werden. Sie werden sehen, dass es viele verschiedene Typen gibt, so dass es Ihnen nicht schwer fallen dürfte, eines zu finden, dass Ihren Bedürfnissen genügt und dem Stand Ihrer handwerklichen Fähigkeiten entspricht.

SCHLEIFEN

Beim Schleifen verwendet man Schleifpapiere in abgestufter Körnung um letztendlich eine glatte Oberfläche zu erhalten. Man kann das Schleifpapier einfach so verwenden (Abb. 24), es um einen Schleifblock legen oder mit einer Schleifmaschine arbeiten (Abb. 25). Ich schleife ein Werkstück in der Regel mehrere Male im Laufe eines Projektes: die Kanten nach dem Sägen, die verleimten Stellen nachdem der Leim ausgehärtet ist und vor sowie nach der endgültigen Oberflächenbehandlung. Meist verwende ich normales Sandpapier, wenn ich jedoch eine besondere Oberfläche erreichen will, Aluminiumoxidpapier. Zwar ist dieses Schleifpapier viel teurer, es hält aber auch bedeutend länger. Meine Lieblingsschleifmaschine ist ein Exzenterschleifer, mit dem man große, glatte Oberflächen optimal bearbeiten kann. Während des Schleifens sollten Sie immer lüften und eine Feinstaubmaske tragen (siehe S. 13).

NATÜRLICHE OBERFLÄCHEN-BEHANDLUNG

Eine natürliche Oberfläche heißt entweder, dass das Holz nur abgeschliffen und natürlich belassen bzw. dass es geölt oder gewachst wird. Danish Oil oder Teaköl kann man mit einem fusselfreien Baumwolltuch oder einem Pinsel auftragen (Abb. 26). Tragen Sie eine dünne Schicht auf, lassen Sie diese trocknen, bearbeiten Sie die Oberfläche noch einmal mit Sandpapier der feinsten Körnung um die Holzfasern, die sich beim Ölen aufgestellt haben, wegzunehmen und tragen Sie dann eine zweite dünne Schicht auf. Falls Sie eine weichere Oberfläche wünschen, können Sie das Holz zum Schluss noch mit Wachs polieren.

Gegenstände, die in direkten Kontakt mit Lebensmitteln kommen, sollten mit Pflanzenölen behandelt werden. Ich verwende gewöhnliches Olivenöl, dass ich mit einem Tuch auftrage (Abb. 27).

Abb. 24

Abb. 26

Abb. 25

Abb. 27

ANSTRICHE

Bei Anstrichen haben Sie die Wahl zwischen Lackfarben auf Alkydharzbasis (Abb. 28) und wasserverdünnbaren Acrylfarben. Beide Farben müssen sorgfältig mit einem Pinsel aufgetragen werden. Zwischen Oberflächen, die mit Lackfarben auf Alkydharzbasis und solchen, die mit wasserverdünnbaren Acrylfarben behandelt wurden, besteht kaum ein sichtbarer Unterschied. Bei der Verwendung von Alkydharzfarben müssen die Pinsel jedoch mit Terpentinersatz gereinigt werden, ansonsten lediglich mit Wasser. Ich wähle Farben meist nur nach dem Farbton und der Farbtiefe aus. Bezüglich der Nebeneffekte der Arbeit mit Farben habe ich festgestellt, dass die Dämpfe von Alkydharzfarben mich leicht benommen machen, während die von Acrylfarben meinen Hals austrocknen. Deshalb sollten Sie beim Streichen eine Maske tragen, die vor giftigen Stoffen in Farben und Lacken schützt und alle Anstriche möglichst im Freien ausführen.

Abb. 28

SPEZIELLE EFFEKTE

Eichenholz erhält eine sehr interessante Oberfläche, wenn Sie es mit einer Drahtbürste bearbeiten. Ich persönlich finde eine so strukturierte Oberfläche besonders schön und außerdem brauche ich dann keine Angst zu haben, dass die Pfoten meiner Hunde Kratzer darauf hinterlassen. Das Holz wird mit einer Drahtbürste in Faserrichtung bearbeitet (Abb. 29) bis die weichen Fasern ausbrechen und zum Schluss mit Öl gestrichen.

Eine andere reizvolle Technik ist das Räuchern mit einer Kerzenflamme. Dazu muss die gestrichene Oberfläche mit einem Lack auf Kunstharzbasis überzogen werden. Dann wartet man, bis dieser leicht angetrocknet

ist und fährt mit der Flamme einer Kerze über die Oberfläche (Abb. 30). Warten Sie immer, bis der Lack soweit getrocknet ist, dass Ihre Fingerkuppe einen Abdruck hinterlässt und achten Sie darauf, den Lack und die Pinsel nicht in die Nähe der Kerzenflamme zu bringen. Dieses Verfahren probiert man am besten mit einem Helfer aus und möglichst nicht in der Werkstatt. Üben Sie an Abfallstücken, bis Sie die Technik sicher beherrschen.

Abb. 29

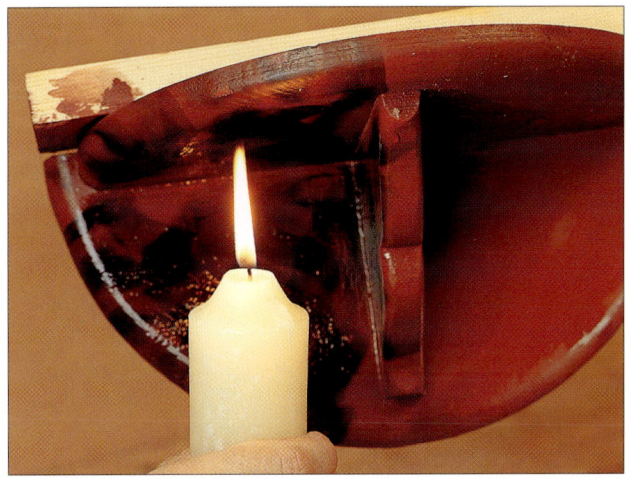

Abb. 30

SCHLÜSSEL FÜR DIE PROJEKTE

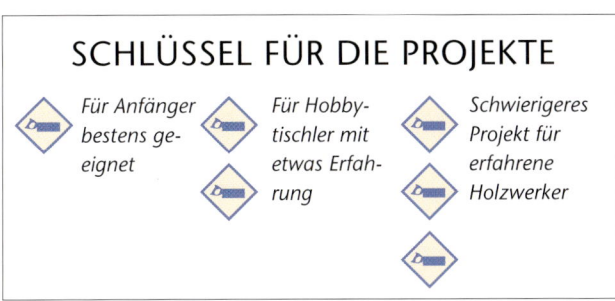

Für Anfänger bestens geeignet

Für Hobbytischler mit etwas Erfahrung

Schwierigeres Projekt für erfahrene Holzwerker

Brettchen und Serviettenringe

Es ist immer wieder schön, mit der Familie oder Freunden am Tisch zu sitzen und gemeinsam eine Mahlzeit zu genießen. Wäre es nicht großartig, wenn Sie einige der Gegenstände auf dem Tisch selbst angefertigt hätten? Dieses Projekt beinhaltet die Herstellung von Eierbechern aus Eichenholz, die gleichzeitig als Serviettenringe verwendet werden können und herzförmiger Brettchen aus Sperrholz zusammen mit einer Aufhängung. Zugegeben, die Farben und die Herzform sind etwas kitschig, aber das ist in diesem Fall durchaus beabsichtigt. Die Eierbecher und Brettchen wären zum Beispiel ein praktisches Geschenk für eine junge Familie, denn den Kindern werden sie ganz sicher gefallen!

Die hier angewandten Techniken sind sehr einfach – alles, was man beherrschen muss ist das Bohren großer Löcher und das Aussägen der Brettchenformen aus Sperrholz mit Hilfe einer Laubsäge. Der Anstrich ist schon etwas komplizierter und muss sehr sorgfältig ausgeführt werden. Wenn dann alles auf dem Tisch steht, sollten Sie nicht überrascht sein, wenn die Kinder plötzlich anfangen, aus den Eierbechern Türme zu bauen und mit den Brettchen zu spielen. Freuen Sie sich, dass Ihre Dinge so großen Anklang finden!

——— Benötigte Werkzeuge ———

Werkbank mit Schraubstock und Schnellspanner, Einsatzzirkel, Bleistift, Lineal, Winkel, Tischbohrmaschine oder elektrische Bohrmaschine, 45-mm-Forstnerbohrer, Zwingen, Schleifblock, Pinsel in den Breiten 25 mm und 10 mm, Schere, Laubsäge, Fräse und Frästisch, 5-mm-Abrundfräser, Versenker, mittelgroßer Hammer

WEITERE NÜTZLICHE WERKZEUGE
Akkuschrauber, Schleifmaschine,
Anreißmesser, Stechzirkel

Arbeitstechniken

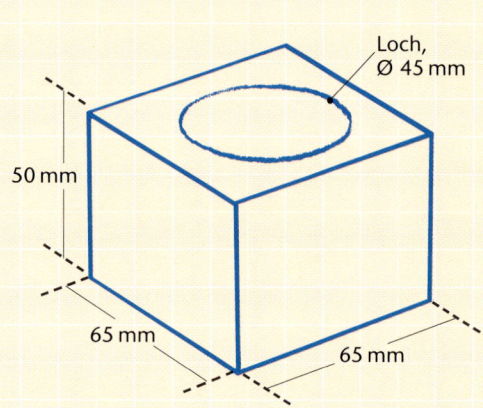

Loch,
Ø 45 mm

50 mm

65 mm

65 mm

*Die Holzstücke für die Eierbecher und
Serviettenringe müssen wirklich fehlerlos sein.
Das Hirnholz darf an keiner Stelle Risse
aufweisen.*

Materialliste

Eiche und Sperrholz (siehe Zuschnittliste)

Schleifpapier der Körnung 80 und 120

Acrylfarbe: vier Farben nach Wahl

Klarlack auf Spiritusbasis

Dünnes Papier und Pappe

2 Dübel (70 mm, Ø 8 mm)

PVA-Leim

Rote Farbe

Terpentinersatz zur Pinselreinigung

Zuschnittliste

6 Stück Eichenholz 65 x 65 x 50 mm (Eierbecher)

1 Stück Sperrholz 260 x 250 x 12 mm
(Rückseite der Aufhängung)

1 Stück Sperrholz 220 x 210 x 12 mm
(Vorderseite der Aufhängung)

6 Stück Sperrholz 220 x 210 x 6 mm
(Brettchen)

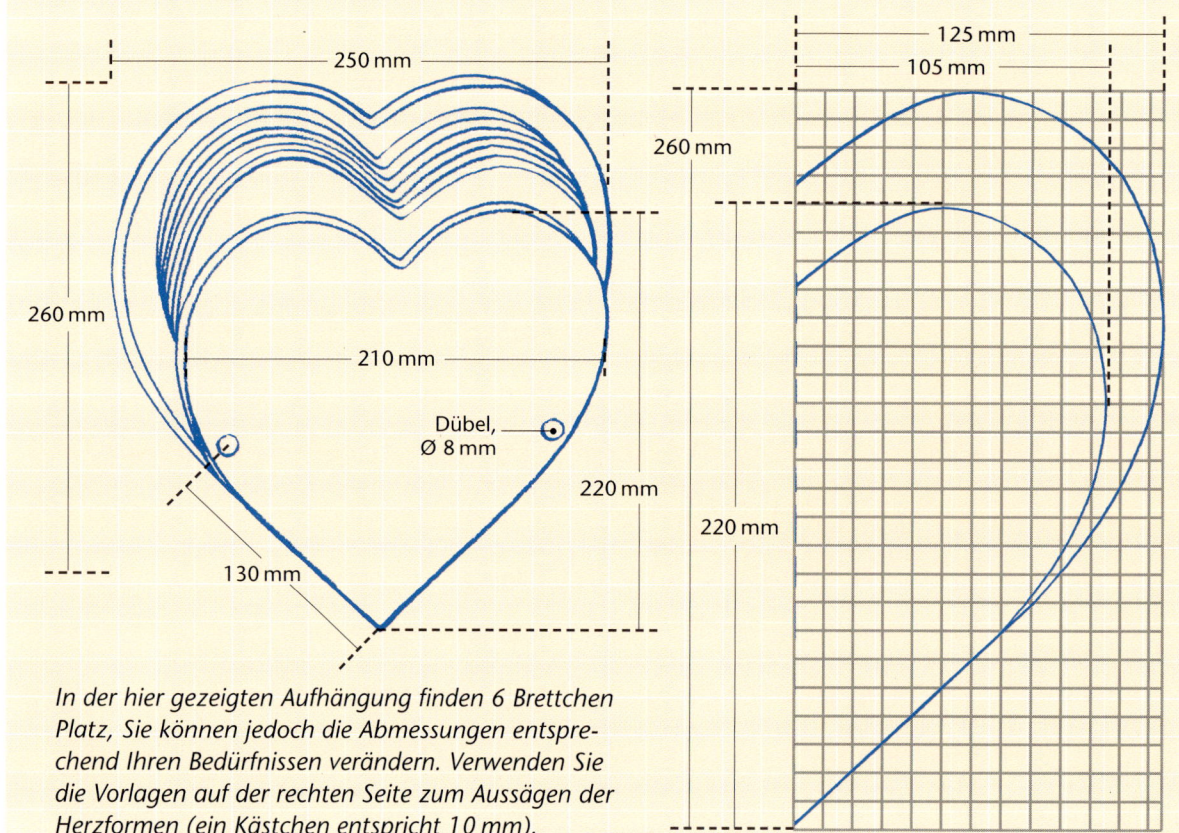

250 mm

260 mm

210 mm

Dübel,
Ø 8 mm

220 mm

130 mm

125 mm

105 mm

260 mm

220 mm

*In der hier gezeigten Aufhängung finden 6 Brettchen
Platz, Sie können jedoch die Abmessungen entsprechend Ihren Bedürfnissen verändern. Verwenden Sie
die Vorlagen auf der rechten Seite zum Aussägen der
Herzformen (ein Kästchen entspricht 10 mm).*

EIERBECHER/SERVIETTENRINGE

Abb. 1

1 Nehmen Sie die vorbereiteten Eichenholz-stücke zur Hand und prüfen Sie diese auf even-tuell vorhandene Risse. Ziehen Sie auf bei-den Seiten jedes Blockes von den Ecken ausgehend zwei diagonale Linien, deren Schnittpunkt den Mittelpunkt der Bohrung bildet (Abb. 1).

Abb. 2

2 Spannen Sie den 45-mm-Forstnerbohrer in die Tischbohrmaschine. Sichern Sie das Werk-stück mit Zwingen. Eine Zwinge hält das Werkstück, mit einer zweiten befestigt man die höl-zerne Bohrunterlage auf dem Bohrtisch und die dritte Zwinge schließlich hält die erste auf dem Bohrtisch fest (Abb. 2). Nun bohren Sie das Loch durch das Eichenholz, Abfall ständig entfernen.

TIPP

Ein großes Loch mit glatten Wänden lässt sich nur mit einem Forstnerbohrer präzise bohren. Diese Bohrer sind viel teurer als normale Bohrer, dafür halten sie jedoch auch länger. Beim Bohren sollten Sie nicht zu viel Druck ausüben, um eine Überhitzung des Bohrers zu vermeiden.

Abb. 3

3 Mit dem Schleifpapier bearbeiten Sie alle Oberflächen bis diese schön glatt sind. Dann wischen Sie den Schleifstaub weg und legen alle Werkstücke auf eine saubere Arbeitsfläche. Nehmen Sie einen Eierbecher nach dem anderen und streichen Sie die Seitenflächen in unterschied-lichen Farben (Abb. 3) an. Wenn die Farbe voll-ständig getrocknet ist, fahren Sie mit einem Stück Schleifpapier feinster Körnung noch einmal über die Oberflächen um die Holzfasern, die sich nach dem Anstrich aufgerichtet haben, abzuschleifen. Zum Schluss lackieren Sie alle Oberflächen mit Hochglanzlack.

HERZFÖRMIGE BRETTCHEN

Abb. 1

4 Zeichnen Sie die beiden Herzformen auf kariertes Papier und übertragen Sie die Zeichnung auf ein Stück Karton. Mit Hilfe der Kartonschablone können Sie die Herzform dann auf dem Sperrholz markieren (Abb. 1). Reißen Sie die Form mit einer durchgehenden, präzisen Linie an, so dass die Schnittlinie klar erkennbar ist.

Abb. 3

6 Montieren Sie die Fräse am dazugehörigen Tisch und setzen Sie den Abrundfräser ein. Legen Sie die Brettchen auf den Tisch und fräsen Sie die oberen Kanten rund (Abb. 3). Bei den beiden Herzen für die Aufhängung sind die Kanten abzurunden. Reißen Sie auf den Herzen der Aufhängung den Mittelpunkt der Bohrungen an.

Abb. 2

5 Sägen Sie die Herzen mit der elektrischen Laubsäge aus – zwei aus dem 12 mm dicken Sperrholz, die übrigen 6 aus dem 6-mm-Sperrholz. Beginnen Sie dabei mit einem geraden Schnitt bis in die Vertiefung zwischen den beiden Hälften des Herzes. Dann setzen Sie an der Spitze neu an und sägen jeweils eine Hälfte aus.

Abb. 4

7 Bohren Sie mit einem 8-mm-Spiralbohrer zwei Löcher in das obere Brett. Stecken Sie einen langen Dübel durch das obere Herz, legen Sie dieses genau mittig auf das größere Herz der Rückseite und bohren Sie die übrigen Löcher (Abb. 4). Zum Abschluss werden die beiden Löcher für die Aufhängung an der Wand mit einem 5-mm-Spiralbohrer gebohrt und mit dem Versenker erweitert.

Abb. 5

Abb. 6

8 Nehmen Sie die beiden 70 mm langen Dübel und schleifen Sie die Enden mit Sandpapier rund. Schieben Sie die Rück- und die Vorderseite der Aufhängung auf die Dübel und verleimen Sie diese. Mit dem Hammer schlagen Sie nun vorsichtig auf das obere Herz, bis der Abstand zwischen Rückseite und Vorderseite etwa 38 mm beträgt und die Dübelenden etwas aus dem vorderen Herz herausschauen (Abb. 5). Wischen Sie den überschüssigen Leim ab.

9 Reinigen Sie die Arbeitsfläche von Staub und bereiten Sie alles für den Anstrich vor. Streichen Sie alle Herzen beidseitig zweimal mit roter Lackfarbe, so dass sie schön glänzen (Abb. 6). Wenn die Farbe ganz trocken ist, schleifen Sie die Oberflächen mit Sandpapier feinster Körnung und überziehen die Herzen mit einer Lackschicht. Dann werden sie noch einmal geschliffen und mit einer zweiten Lackschicht versehen.

Konstruktionsvarianten

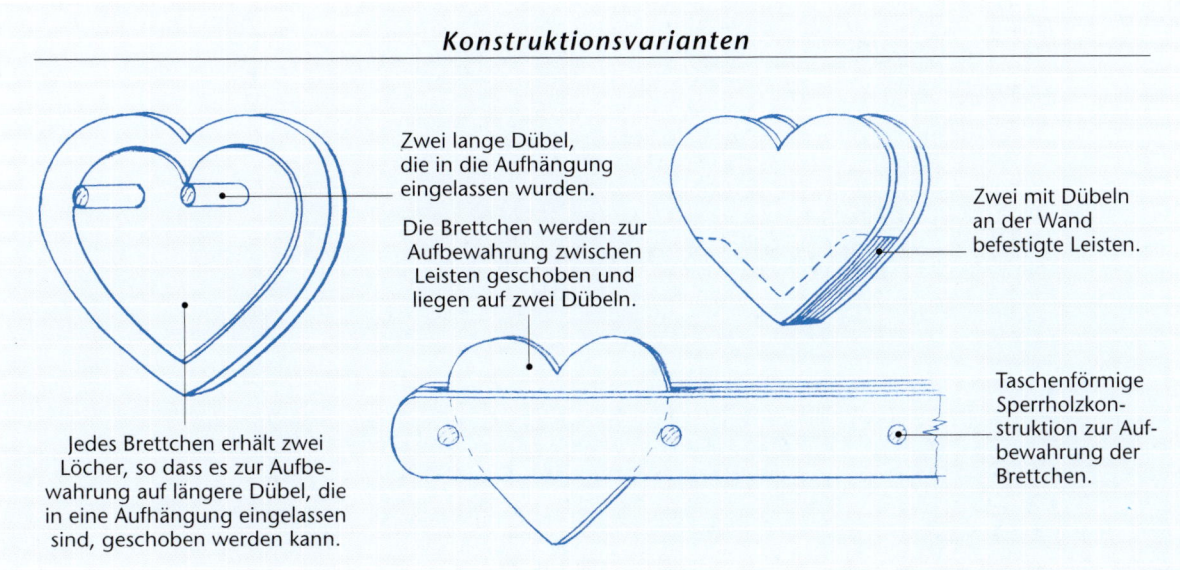

Zwei lange Dübel, die in die Aufhängung eingelassen wurden.

Die Brettchen werden zur Aufbewahrung zwischen Leisten geschoben und liegen auf zwei Dübeln.

Jedes Brettchen erhält zwei Löcher, so dass es zur Aufbewahrung auf längere Dübel, die in eine Aufhängung eingelassen sind, geschoben werden kann.

Zwei mit Dübeln an der Wand befestigte Leisten.

Taschenförmige Sperrholzkonstruktion zur Aufbewahrung der Brettchen.

Hakenwand

Falls Sie in der Küche noch keinen richtigen Platz für Pfannen und Töpfe haben und die Bratenwender, Kellen oder anderes Zubehör ständig irgendwo herumliegen, können Sie dieses Problem mit dem folgenden Projekt in einem Wochenende aus der Welt schaffen. An dieser Hakenwand kann man viele Küchenutensilien leicht erreichbar aufbewahren und außerdem noch Kräuter oder Pilze zum Trocknen aufhängen.

Die Hakenwand ist wirklich einfach zu bauen, das Wichtigste ist in ein paar Stunden Arbeit mit der Laubsäge und der Tischbohrmaschine getan. Besondere Aufmerksamkeit sollten Sie bei diesem Projekt dem Abstand der Leisten und der Oberflächenbehandlung widmen. Nehmen Sie sich also für das Schleifen Zeit! Der Entwurf ist außerdem sehr flexibel. Falls Ihre Hakenwand breiter werden soll, fügen Sie einfach eine dritte vertikale Leiste dazu und schneiden die Querleisten entsprechend länger. Messen Sie also zuerst den verfügbaren Platz an der Küchenwand aus und passen Sie den Entwurf entsprechend an. Bei der Montage der Hakenwand sollten Sie auf den Verlauf der Stromkabel und Wasserleitungen achten.

Benötigte Werkzeuge

Werkbank mit Schraubstock und Schnellspanner,
Zirkel, Bleistift, Lineal, Winkel, Zwinge, Laubsäge,
Tischbohrmaschine, Spiralbohrer (10 mm, 5 mm und
3 mm), elektrische Bohrmaschine, Schraubendreher,
Schleifblock, Pinsel

WEITERE NÜTZLICHE WERKZEUGE
Akkuschrauber, Schleifmaschine, Anreißmesser,
Hirnholzhobel

Hakenwand

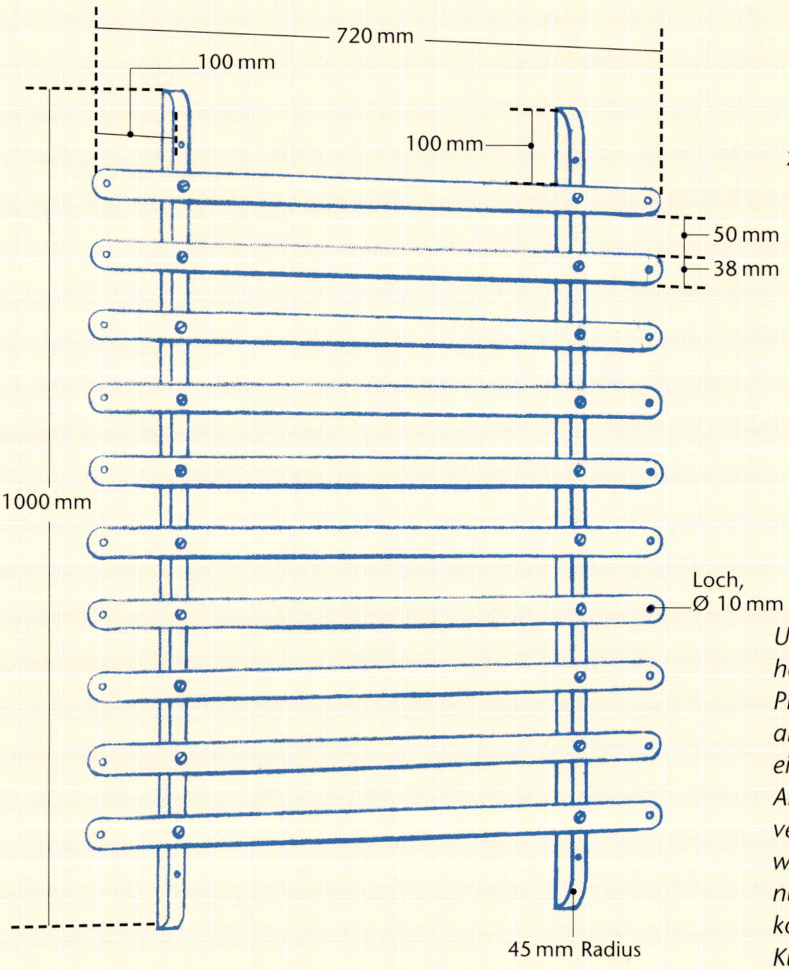

720 mm

100 mm

100 mm

50 mm

38 mm

1000 mm

Loch,
Ø 10 mm

45 mm Radius

Arbeitstechniken

AUSSÄGEN
GESCHWEIFTER
FORMEN,
S. 18

BOHREN
VON LÖCHERN,
S. 19

EINDREHEN VON
SCHRAUBEN,
S. 24

Materialliste

Kiefernholz (siehe Zuschnittliste)

20 Messingschrauben mit Senkkopf
(30 mm x Nr. 8)

20 Messinghülsen für die Schrauben

10 Messinghaken

Schleifpapier der Körnung 80
und 100

Mattlack auf Acrylbasis

Zuschnittliste

Alle Teile bestehen aus Kiefernholz

2 Leisten 1010 x 45 x 20 mm
(vertikale Träger)

10 Leisten 730 x 38 x 8 mm
(horizontale Leisten)

*Um die Kosten in Grenzen zu
halten, haben wir für dieses
Projekt Kiefernholz verwendet,
aber Sie können natürlich auch
ein Hartholz, wie zum Beispiel
Ahorn, verwenden oder auch zwei
verschiedene Holzarten. Das Holz
wurde natürlich belassen und
nur mit Firnis behandelt, man
könnte aber auch eine zu den
Küchenmöbeln passende farbige
Lasur auftragen.*

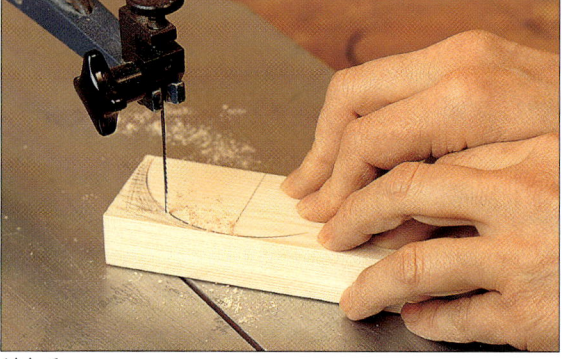

Abb. 1

1 Überprüfen Sie das Holz auf Unregelmäßigkeiten, wie Risse oder Astknoten an ungünstigen Stellen. Die horizontalen Leisten können durchaus ein paar Astknoten haben, die vertikalen Träger sollten jedoch gerade und glatte Fasern auf der ganzen Länge aufweisen. Im Zweifelsfall suchen Sie sich ein besseres Holzstück aus. Nehmen Sie nun die zwei 1010 mm langen Leisten, stellen Sie den Zirkel auf einen Radius von 45 mm ein und markieren Sie 5 mm vor jedem Leistenende einen Viertelkreis, den Sie dann mit einer Laubsäge aussägen (Abb. 1).

Abb. 2

2 Nun nehmen Sie die Querleisten zur Hand und ziehen an den Enden Kreise mit einem Durchmesser von 35 mm, wobei die Kreislinie immer 5 mm vom Ende der Leiste entfernt sein sollte, so dass alle Querleisten letztendlich 720 mm lang sind. Mit der Tischbohrmaschine bohren Sie Löcher mit einem Durchmesser von 10 mm durch die Mittelpunkte der Kreise (Abb. 2).

Abb. 3

3 Sägen Sie nun die runden Enden der Querleisten aus (Abb. 3). Bemühen Sie sich, immer auf der Verschnittseite der angerissenen Linie zu sägen, so dass die Rundung gleichmäßig gerät. Wenn Sie ein neues Sägeblatt verwenden und sich beim Sägen Zeit nehmen, brauchen die Sägekanten wahrscheinlich kaum noch geschliffen zu werden. Achten Sie darauf, das Sägeblatt so einzuspannen, dass die Zähne in Richtung Tisch zeigen.

TIPP

Der schwierigste Teil dieses Projektes besteht darin, die Träger und Querleisten genau rechtwinklig zueinander und alle Querleisten parallel zu montieren. Am besten markieren Sie die Position der Querleisten zuerst nur auf einem Träger, klammern dann beide zusammen und ziehen die Linien mit Hilfe eines Winkels über beide Träger. So können Sie sicher sein, dass die Abstände auf beiden vertikalen Trägern identisch sind.

Abb. 4

4 Markieren Sie die Position der Querleisten. Der Abstand zwischen zwei Leisten sollte 50 mm betragen. Zur Befestigung bohrt man jeweils 5 mm starke Löcher durch die Querleisten und 3 mm starke Führungslöcher in die vertikalen Träger. Dann schrauben Sie die Querleisten auf und stecken die Messinghülsen auf die Schraubenköpfe (Abb. 4). Schleifen Sie alle Oberflächen, drehen Sie die Haken ein und streichen Sie das Regal mit Firnis.

Serviertablett

Der Stil der fünfziger Jahre ist nicht jedermanns Sache, aber die Einfachheit und Zweckmäßigkeit vieler Gegenstände dieser Zeit ist durchaus ansprechend. Die Designer experimentierten damals mit weichen Kurven, neuen Materialien, wie zum Beispiel Kunststoff, und verwendeten vor allem Primärfarben. Dieses kleine Tablett stellt einen deutlichen Gegensatz zu den reich verzierten Tabletts aus Mahagoni und Messing früherer Zeiten dar – es besteht nur aus einem Stück Sperrholz und einfachen Holzgriffen. Wir haben uns für weiße und rote Lackfarbe entschieden, die gut zu den rotweißen Küchen der fünfziger Jahre passen würde, aber Sie können das Tablett natürlich in den Farben Ihrer Wahl gestalten.

Die erforderlichen Arbeitstechniken sind nicht kompliziert. Alle Teile werden mit der Laubsäge ausgesägt, lackiert und dann verschraubt verbunden. Was könnte einfacher sein? Es kommt nur darauf an, dass die Sägekanten sauber und gerade sind, dass die lackierte Oberfläche schön glatt ist und keine Farbnasen oder Tropfen aufweist. Wenn Sie noch an Ihren Anstrichtalenten zweifeln, üben Sie erst an einem Stück Abfallholz.

Benötigte Werkzeuge

Werkbank mit Schraubstock, Einsatzzirkel, Bleistift,
Lineal, Winkel, Laubsäge, Schleifblock, Pinsel,
elektrische Bohrmaschine, 3-mm-Spiralbohrer,
Versenker, Schraubendreher

WEITERE NÜTZLICHE WERKZEUGE
Akkuschrauber, Schleifmaschine, Stechzirkel,
Anreißmesser, Hirnholzhobel

Serviertablett

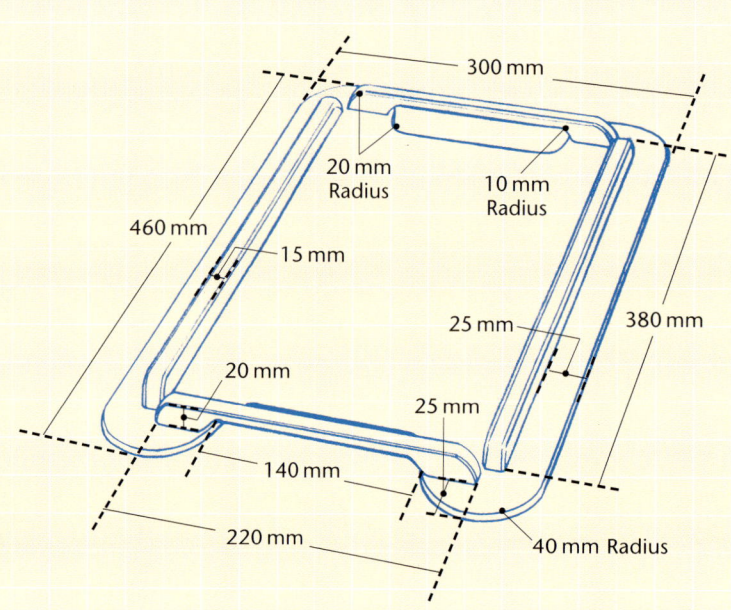

300 mm

20 mm Radius

10 mm Radius

460 mm

15 mm

25 mm

380 mm

20 mm

25 mm

140 mm

220 mm

40 mm Radius

Falls Sie das Serviertablett größer bauen, sollten Sie auch die Abmessungen der Griffe vergrößern, so dass diese ein entsprechend höheres Gewicht tragen können.

Materialliste

Sperrholz und Kiefernholz
(siehe Zuschnittliste)

Schleifpapier der Körnung 100

Rote und weiße Lackfarbe

Terpentinersatz zur Pinselreinigung

12 Messingschrauben mit Senkkopf
(15 mm x Nr. 8)

Zuschnittliste

1 Stück Sperrholz
460 x 300 x 6 mm
(Grundbrett)

2 Stück Kiefernholz
380 x 20 x 15 mm
(Seitenstreifen)

2 Stück Kiefernholz
220 x 20 x 15 mm
(Griffe)

Arbeitstechniken

AUSSÄGEN GESCHWEIFTER FORMEN, S. 18

LACKIEREN, S. 27

EINDREHEN VON SCHRAUBEN, S. 23

Abb. 1

1 Ziehen Sie 40 mm von jeder Schmalseite des Bodens entfernt eine Linie und reißen Sie die großen (Ø 80 mm) und die kleinen (Ø 40 mm) Kreise an. Auf den Griffen sind Kreise mit einem Radius von jeweils 10 mm und 20 mm zu markieren (Abb. 1).

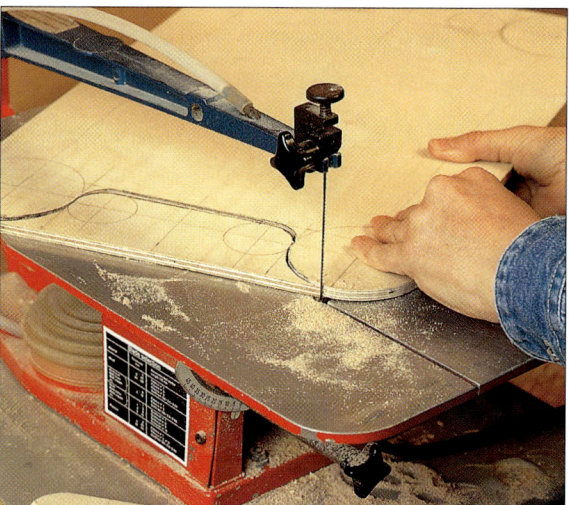

Abb. 2

2 Vergleichen Sie alle Maße noch einmal mit der Arbeitszeichnung und sägen Sie dann die Rundungen mit der Laubsäge aus (Brett, Seitenleisten und Griffe). Achten Sie darauf, dass das Sägeblatt auf der Verschnittseite des Risses geführt wird (Abb. 2).

TIPP

Um eine gleichmäßige Oberfläche zu erhalten, sollten Sie die Farbe in mehreren Arbeitsgängen auftragen. Säubern Sie die Arbeitsfläche von Staub, lackieren Sie alle Teile ein erstes Mal, lassen Sie den Lack trocknen, schleifen Sie die Oberflächen leicht an und tragen Sie eine weitere Lackschicht auf.

Abb. 3

3 Schleifen Sie die gesägten Kanten leicht rund. Nun streichen Sie die Teile mit der Lackfarbe an – die Seiten und die Griffe rot, das Brett selbst weiß. Nachdem die Farbe vollständig getrocknet ist, schleifen Sie alle Oberflächen erneut mit ganz feinem Sandpapier (Abb. 3) und tragen eine weitere Farbschicht auf.

4 Markieren Sie die Position der Seitenleisten und Griffe auf dem Grundbrett und bohren 3 mm starke Führungslöcher durch das Grundbrett und etwa 5 mm tief in die Leisten. Die Bohrungen auf der Brettunterseite sind mit einem Versenker bis auf die Größe der Schraubenköpfe zu erweitern. Schrauben Sie die Seitenleisten und Griffe auf.

Konstruktionsvarianten

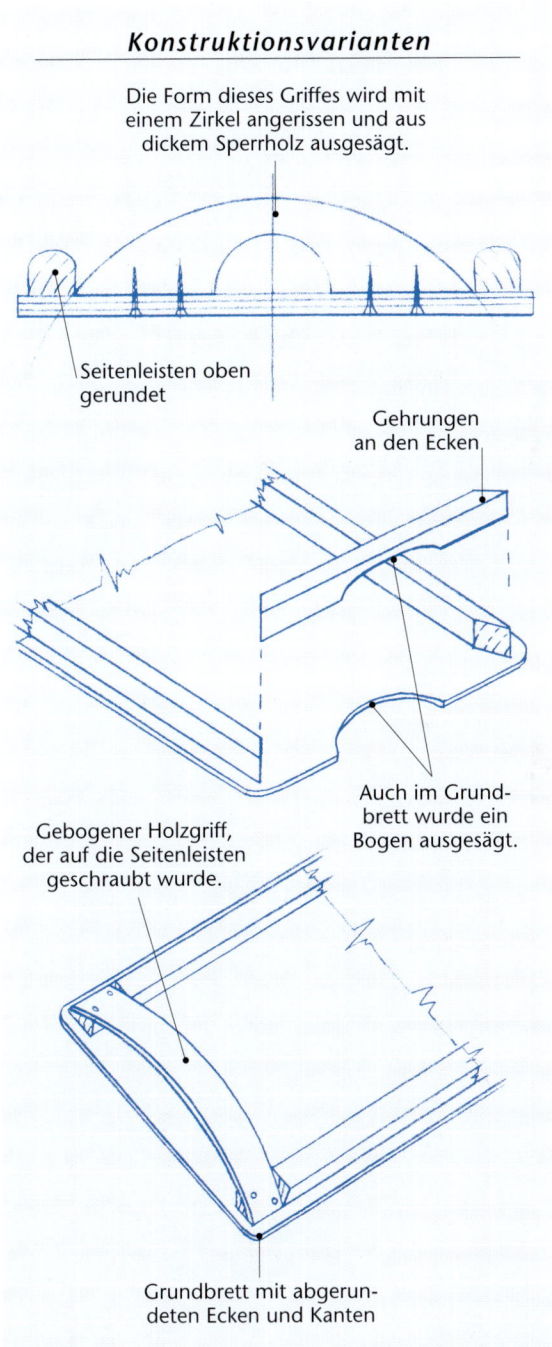

Die Form dieses Griffes wird mit einem Zirkel angerissen und aus dickem Sperrholz ausgesägt.

Seitenleisten oben gerundet

Gehrungen an den Ecken

Auch im Grundbrett wurde ein Bogen ausgesägt.

Gebogener Holzgriff, der auf die Seitenleisten geschraubt wurde.

Grundbrett mit abgerundeten Ecken und Kanten

Abb. 4

Konsole

Diese Konsole erinnert an die bemalten folkloristischen Möbelstücke, die im neunzehnten Jahrhundert von den deutschen Siedlern im amerikanischen Pennsylvania oft gebaut wurden. Ihre charakteristischen Merkmale waren eine einfache Konstruktion, die Verwendung vieler Nägel, ein leuchtender Anstrich oder eine Oberfläche, die dem Auge vorspiegeln sollte, dass das jeweilige Stück aus einem exotischen Holz gefertigt war.

Die Konsole wurde mit einer rußenden Kerzenflamme gestaltet. Dabei wird das Holz in einer Grundfarbe gestrichen – in der Regel rot, blau oder grün. Nach dem Trocknen wird ein Lack auf Spiritusbasis aufgetragen, man wartet, bis der Lack klebrig wird und fährt dann mit der Flamme einer Kerze über die Oberfläche. Der schwarze Ruß der Kerze vermischt sich mit dem Lack und es entsteht eine schimmernde, opalisierende, blau-schwarze Oberfläche.

Die Konstruktion der Konsole ist sehr einfach. Die drei Komponenten werden mit der Laubsäge ausgesägt und dann durch Schrauben verbunden. Das einzige schmückende Detail ist die geschwungene Auflage.

Benötigte Werkzeuge

Arbeitsbank mit Schraubstock, Einsatzzirkel,
Bleistift, Lineal, Winkel, Laubsäge, Fräse und Frästisch,
Abrundfräser (Radius 6,3 mm), Schleifblock,
Handbohrmaschine, 3-mm-Spiralbohrer, Versenker,
Schraubendreher, 2 Pinsel

WEITERE NÜTZLICHE WERKZEUGE
Akkuschrauber, Schleifmaschine,
elektrische Bohrmaschine, Stechzirkel, Anreißmesser,
Hirnholzhobel, Zapfensäge

Konsole

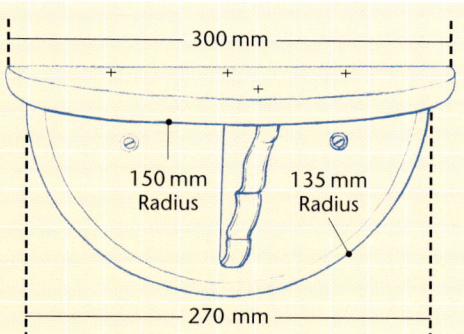

300 mm

150 mm
Radius

135 mm
Radius

270 mm

Arbeitstechniken

AUSSÄGEN
GESCHWEIFTER
FORMEN,
S. 18

FRÄSEN VON
KANTENPROFILEN,
S. 23

SPEZIELLE
EFFEKTE,
S. 27

So wird die Konsole montiert:
Die Rückseite wird mit zwei Schrauben
an der Auflage, der Boden mit drei
Schrauben auf der Rückseite sowie mit einer
Schraube auf der Auflage befestigt.
Unten: Muster für die Auflage

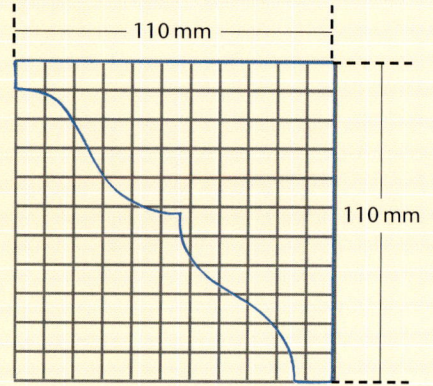

110 mm

110 mm

Materialliste

Kiefernholz (siehe Zuschnittliste)

Sandpapier der Körnung 80 und 150

6 Stahlschrauben mit Senkköpfen
(30 mm x Nr. 8)

Rote, matte Farbe auf Spiritusbasis

Klarlack auf Spiritusbasis

Terpentinersatz zur Pinselreinigung

Große Kerze

Zuschnittliste

Alle Teile bestehen aus Kiefernholz

1 Teil 300 x 160 x 18 mm (Boden)

1 Teil 270 x 140 x 18 mm (Rückseite)

1 Teil 110 x 110 x 18 mm (Auflage)

Abb. 1

1 Mit einem Zirkel reißen Sie die Form des Bodens und der Rückseite an. Übertragen Sie die Kurvenform auf das Brett, das Sie für die Auflage vorgesehen haben (Abb. 1).

Abb. 2

2 Sägen Sie nun mit einer Laubsäge alle drei Komponenten aus: den Halbkreis des Bodens (Radius 150 mm), den Halbkreis der Rückseite (Radius 270 mm) und die rechtwinklige Auflage (110 mm x 110 mm, Abb. 2).

Abb. 3

3 Setzen Sie den Abrundfräser ein und montieren Sie die Fräse am dazugehörigen Tisch. Fräsen Sie damit die Kanten der Unterseite des Bodens und die vordere Kante der Rückseite rund (Abb. 3).

Abb. 4

4 Mit dem Schleifblock und einem Stück Schleifpapier feiner Körnung glätten Sie nun alle Oberflächen. Dabei sollten Sie die Kanten des Bodens und der Auflage besonders sorgfältig schleifen (Abb. 4). Bohren Sie 3 mm große Führungslöcher für die Schrauben und erweitern Sie diese mit dem Versenker bis zur Größe der Schraubenköpfe.

Abb. 5

5 Halten Sie die Teile aneinander um festzustellen, ob alles passt, und schrauben Sie das Regal nun zusammen. Zwei Schrauben dreht man durch die Rückseite in die Auflage, drei durch die hintere Kante des Bodens in die Rückseite und eine durch den Boden in die Auflage (Abb. 5).

Abb. 6

6 Streichen Sie das Regal nun rot an. Nachdem die Farbe getrocknet ist, tragen Sie eine dünne Lackschicht auf. Warten Sie bis der Lack etwas angetrocknet und noch klebrig ist, zünden Sie die Kerze an und fahren Sie mit der Spitze der Flamme über die Oberfläche um den Marmorierungseffekt zu erhalten (Abb. 6). Achten Sie darauf, dass nicht zu viel Ruß entsteht, denn sonst kann es passieren, dass die rote Farbe vollständig verdeckt wird. Zum Schluss überziehen Sie alles mit einer zweiten Lackschicht.

TIPP

Der Lack auf der Oberfläche muss schon etwas klebrig sein, bevor Sie mit dem Abbrennen beginnen, ansonsten werden Sie nicht das gewünschte Ergebnis erzielen.

Kleines Wandregal

In den Häusern der frühen Siedler in Amerika gab es meist viele Regale – kleine Konsolen für Kerzen, Regale für Beutel und Taschen, Regale zur Lagerung getrockneter Lebensmittel usw. Alle diese Regale waren mit nur wenigen Verbindungen zusammengefügt und mit bezaubernden Dekorationen in einem naiven Stil versehen. Das Regal in diesem Projekt ist ein schönes Beispiel für die Arbeiten der Handwerker in New England, die Meister der Arbeit mit dem Zirkel und der Cyma-Kurve, die ihre Wurzeln in der klassischen griechischen Architektur hat.

Aufgrund der relativ einfach zu fräsenden Nut für die Verbindung und der unkomplizierten Montage ist dieses Projekt auch für Anfänger mit einem begrenzten Umfang an Werkzeugen zu empfehlen. Für das Regal wurde ausschließlich preisgünstiges Kiefernholz verwendet. Die kurvigen Kanten, die man mit Hilfe des Zirkels oder frei Hand markiert, machen es zu einem sehr dekorativen Stück, zum Beispiel für die Wohnstube. Reißen Sie die Schnittlinie nur auf einer Seite der Mittellinie an, dann pausen Sie die Kurve ab und übertragen sie auf die andere Seite. Achten Sie darauf, dass die auszusägenden Kanten der Seitenteile keine Astknoten oder Risse aufweisen.

Benötigte Werkzeuge

Werkbank mit Schraubstock und Schnellspanner,
Einsatzzirkel, Bleistift, Lineal, Winkel, Laubsäge, Fräse
und Frästisch, Nutfräser (13 mm), Zwingen, Messer,
Schleifblock, Pinsel, Schraubendreher

WEITERE NÜTZLICHE WERKZEUGE
Akkuschrauber, Schleifmaschine, Anreißmesser,
Hirnholzhobel

Kleines Wandregal

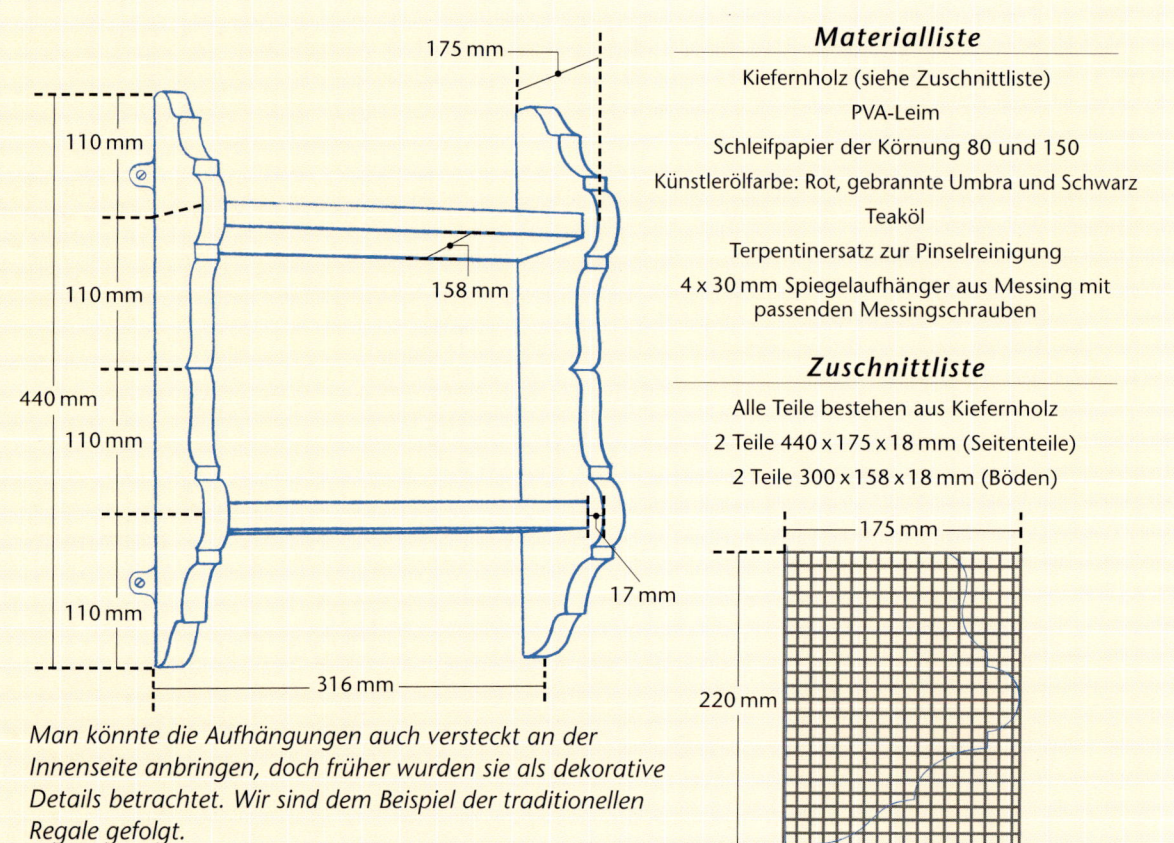

110 mm
110 mm
440 mm
110 mm
110 mm
175 mm
158 mm
316 mm
17 mm

Materialliste

Kiefernholz (siehe Zuschnittliste)

PVA-Leim

Schleifpapier der Körnung 80 und 150

Künstlerölfarbe: Rot, gebrannte Umbra und Schwarz

Teaköl

Terpentinersatz zur Pinselreinigung

4 x 30 mm Spiegelaufhänger aus Messing mit passenden Messingschrauben

Zuschnittliste

Alle Teile bestehen aus Kiefernholz

2 Teile 440 x 175 x 18 mm (Seitenteile)

2 Teile 300 x 158 x 18 mm (Böden)

175 mm
220 mm

Arbeitstechniken

AUSSÄGEN GESCHWEIFTER FORMEN, S. 18

FRÄSEN EINER NUT, S. 22

FRÄSEN EINES FALZES, S. 22

Man könnte die Aufhängungen auch versteckt an der Innenseite anbringen, doch früher wurden sie als dekorative Details betrachtet. Wir sind dem Beispiel der traditionellen Regale gefolgt.

Abb. 1

Abb. 2

1 Legen Sie die zwei Seitenteile so hin, dass die besten Kanten nach außen zeigen. Teilen Sie diese in vier gleiche Teile und reißen Sie mit Winkel, Lineal und Zirkel die auszusägende Form an (Abb. 1).

2 Mit der Laubsäge sägen Sie nun die mittlere, tiefste Kerbe ein. Dann beginnen Sie jeweils an einem Ende die Rundungen auszusägen, wobei Sie immer nur bis zur mittleren, tiefen Kerbe sägen (Abb. 2). Sägen Sie beide Seitenteile zu.

Abb. 3

Abb. 4

3 Mit der Fräse und dem 13-mm-Fräser schneiden Sie nun die Nuten, in welche die Regalbretter eingeschoben werden. Spannen Sie dazu ein Seitenteil auf die Werkbank und stellen Sie den Anschlag mit Hilfe von Leisten so ein, dass der Fräser genau entlang der angezeichneten Linie schneidet. Stellen Sie den Tiefenanschlag auf 10 mm. Schalten Sie nun den Strom ein, drücken Sie die Grundplatte der Fräse fest gegen den Anschlag, achten Sie darauf, dass das Kabel nicht im Weg ist und fräsen Sie die Nut (Abb. 3).

4 Montieren Sie die Fräse am Frästisch. Stellen Sie den Anschlag auf 10 mm und fälzen Sie die Enden der Böden (Abb. 4). Schneiden Sie mit einem Messer am Ende des Falzes eine kleine Ecke aus, so dass die Bretter ganz genau in die Nuten passen. Mischen Sie ein klein wenig rote und schwarze Farbe, sowie gebrannte Umbra in das Teak-Öl und tragen Sie die Mischung mit einem Pinsel auf. Zum Schluss schrauben Sie die Spiegelaufhänger an die hinteren Kanten der Seitenteile.

Konstruktionsvarianten

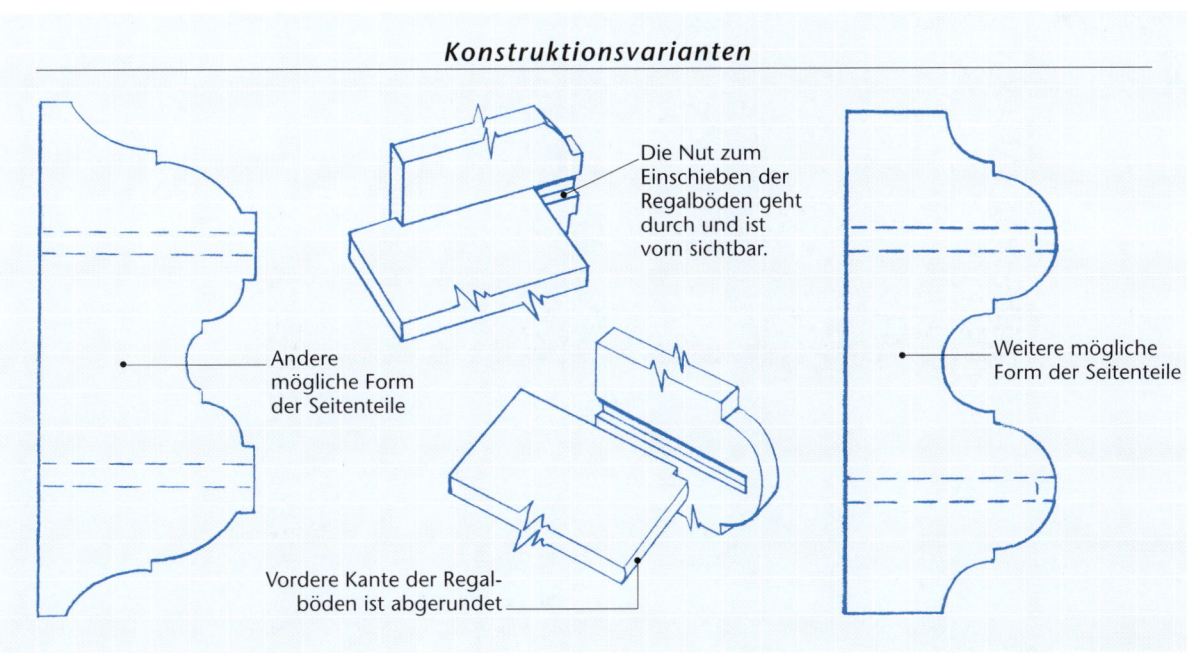

Die Nut zum Einschieben der Regalböden geht durch und ist vorn sichtbar.

Andere mögliche Form der Seitenteile

Vordere Kante der Regalböden ist abgerundet

Weitere mögliche Form der Seitenteile

Spiegel

Dieser Spiegel mit den betonten Proportionen, den sehr schmalen Nuten, etwas überstehenden Seitenteilen und den Dübeln als Verbindungselementen steht in der Tradition der Arts and Crafts Designer, wie Gustav Stickley und Ernest Gimson. Arts and Crafts war eine Stilrichtung, die sich in der zweiten Hälfte des 19. Jahrhunderts in England entwickelte und das Ziel hatte, im Zeitalter der Massenproduktion von Gebrauchsgütern minderer Qualität das Kunsthandwerk wiederzubeleben. Zwar würde Arts und Crafts Design wohl ganz gut in die meisten Wohnungen passen, wir haben uns allerdings für etwas leichtere Proportionen und Farben entschieden und deshalb statt dicker Eichenbretter dünnere, geradfasrige Kiefer gewählt.

Dieses Projekt mit den überstehenden Dübeln und dem gefälzten Rückenteil zur Aufnahme des Spiegelglases stellt durchaus eine Herausforderung an Ihre handwerklichen Fähigkeiten dar. Der schwierigste Teil ist das Schneiden der Nute in den relativ schmalen Brettern, denn Sie müssen eine 8 mm breite Nut in einem 20 mm dicken Brett schneiden, d. h. an jeder Seite bleiben gerade einmal 6 mm stehen. Wenn Sie sich nicht sicher sind, ob Sie bereits genügend Erfahrung für diese Arbeit haben oder ob Ihre Werkzeuge dieser Aufgabe gewachsen sind, üben Sie zuerst an einem Stück Abfallholz.

Benötigte Werkzeuge

Werkbank mit Schraubstock und Schnellspanner,
Einsatzzirkel, Bleistift, Lineal, Winkel, Zapfenstreichmaß,
Zwingen, Tischbohrmaschine, Forstnerbohrer
(6 mm und 12 mm), Klüpfel, Stecheisen mit seitlichen
Fasen (6 mm und 20 mm breit), Anreißmesser, Fräse
und Frästisch, Taschenmesser, Nutfräser (10 mm),
Hirnholzhobel, kleiner Hammer, Schleifblock,
Schraubendreher

WEITERE NÜTZLICHE WERKZEUGE
Schleifmaschine

Spiegel

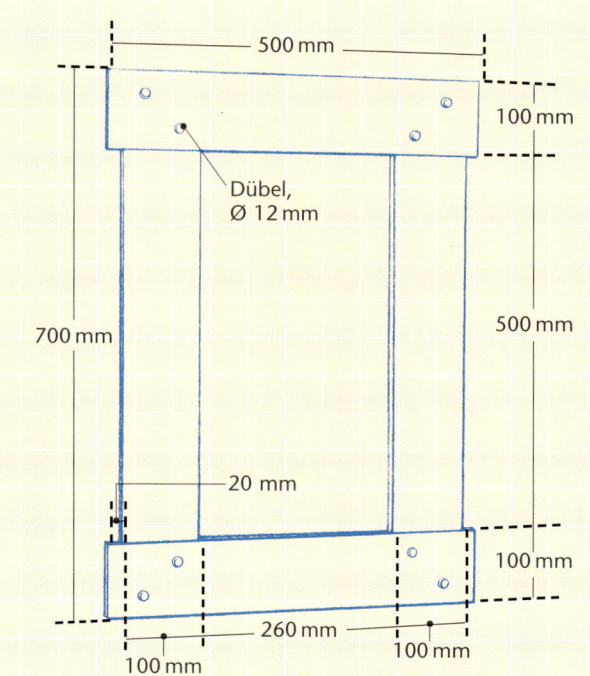

500 mm

100 mm

Dübel,
Ø 12 mm

700 mm

500 mm

20 mm

100 mm

260 mm

100 mm

100 mm

Materialliste

Kiefernholz (siehe Zuschnittliste)

PVA-Leim

Schleifpapier der Körnung 80 und 150

Bienenwachspolitur und fusselfreies Baumwolltuch

Spiegelglas 520 x 280 x 5 mm

6 Spiegelaufhänger mit passenden Schrauben

2 Messingösen und Messingdraht passender Länge

Zuschnittliste

Alle Teile bestehen aus Kiefernholz

2 Teile 700 x 100 x 20 mm (lange Seiten)

2 Teile 500 x 100 x 20 mm (kurze Seiten)

8 Dübel aus Kiefernholz, Ø 12 mm, 25 mm lang

Wenn Sie den Rahmen größer wählen, sollten Sie entsprechend dickere Bretter verwenden.

Abb. 1

Abb. 2

1 Nehmen Sie Bretter für die beiden kurzen Seiten und reißen Sie mit Hilfe eines Winkels die Position der Zapfenlöcher im Abstand von 20 mm von den Enden des Brettes an. Stellen Sie die beiden Nadeln des Zapfenstreichmaßes auf einen Abstand von 8 mm und reißen Sie das Zapfenloch beidseitig genau in der Mitte an (Abb. 1).

2 Bohren Sie alle Zapfenlöcher vorsichtig mit der Tischbohrmaschine und einem 6-mm-Bohrer aus und bereinigen Sie dann die Kanten mit einem Stecheisen mit seitlichen Fasen (Abb. 2). Arbeiten Sie von beiden Seiten des Zapfenloches zur Mitte hin. Achten Sie darauf, beim Herausheben des Abfalls nicht die Enden der Zapfenlöcher zu beschädigen.

Abb. 3

3 Mit Winkel, Anreißmesser und Zapfenstreich-maß reißen Sie nun die 100 mm langen Zap-fen an. Montieren Sie die Fräse am Frästisch, setzen Sie den 10-mm-Nutfräser ein, stellen Sie den Anschlag auf 100 mm und die Tiefe auf 6 mm. Fräsen Sie nun in mehreren Arbeitsgängen den Abfall aus (Abb. 3). Wiederholen Sie diese Arbeits-schritte an beiden Seiten und Enden des Brettes, bis Sie schließlich 8 mm starke Zapfen erhalten.

Abb. 4

4 Stellen Sie den Anschlag auf 10 mm ein und schneiden Sie die Falze auf der Rückseite, die zur Aufnahme des Spiegels dienen. Set-zen Sie die Einzelteile zusammen und bohren Sie mit dem 12-mm-Bohrer die Dübellöcher. Überprü-fen Sie, ob alle Ecken rechtwinklig sind (Abb. 4) und glätten Sie alle Hirnholzstellen mit dem Hirn-holzhobel.

Abb. 5

5 Setzen Sie den Rahmen zusammen, tröpfeln Sie etwas Leim in die gebohrten Löcher und schlagen Sie die Dübel ein (Abb. 5), so dass sie an der Vorderseite etwas herausstehen. Wenn der Leim vollständig trocken ist, entfernen Sie überschüssigen Leim vorsichtig mit einem Stech-eisen. Überprüfen Sie, ob alle gefälzten Ecken frei von Leimrückständen sind. Mit dem Sandpapier schleifen Sie nun alle Oberflächen glatt. Wischen Sie den Schleifstaub ab und polieren Sie den Rah-men mit Bienenwachs. Nun setzten Sie den Spie-gel ein, schrauben die Spiegelhalterungen fest und befestigen schließlich die Ösen und den Draht zum Aufhängen.

TIPP

Damit der Spiegel genau passt, sollten Sie den fertigen Rahmen am besten zu einem Glaser bringen, so dass dieser den Spiegel korrekt zuschneiden kann. Vergessen Sie nicht, das Glas für den Transport gut einzupacken.

Regalsysteme

Dieses Projekt beinhaltet die Herstellung eines einfachen Regals ohne auszusägende Verbindungen oder andere komplizierte Elemente. Alles was Sie dazu brauchen, sind sechs Bretter und eine Hand voll Schrauben und Dübel. Das Design ist so einfach und preisgünstig, dass Sie bei Bedarf auch gleich mehrere dieser Regale anfertigen können. Die Regale sind mit Schrauben, die durch die Rückwand verlaufen, direkt an der Wand befestigt und können im Falle eines Umzugs schnell abgehängt werden. Einfach in der Herstellung und unkompliziert in der Montage – das perfekte Regal also!

Das Regal besteht komplett aus Kiefernholz. Statt die Schrauben direkt in das Hirnholz zu drehen, was technisch ungünstig ist, steckt man sie durch Führungslöcher und schraubt sie in Dübel, die quer zur Faser eingesetzt werden. Die Dübel sind schwarz gefärbt und die Schraubenköpfe werden durch aufgeleimte Kappen verdeckt. Ziehen Sie die Schrauben nicht zu fest, denn dann besteht die Gefahr, dass sich die Dübel und das Hirnholz spalten. Stecken Sie die Dübel so in die Bohrungen, dass die Holzfasern rechtwinklig zu den Schrauben verlaufen.

——— Benötigte Werkzeuge ———

Werkbank mit Schraubstock und Schnellspanner,
Einsatzzirkel, Bleistift, Lineal, Winkel, Hirnholzhobel,
Hammer, Zwingen, Tischbohrmaschine, Spiralbohrer
12 mm, großes Messer mit angefaster Schneide,
7-mm-Bohrsenker mit passendem Dübelschneider,
Schraubendreher, Schleifblock, Pinsel

WEITERE NÜTZLICHE WERKZEUGE
Akkuschrauber, Schleifmaschine, Anreißmesser

Regalsysteme

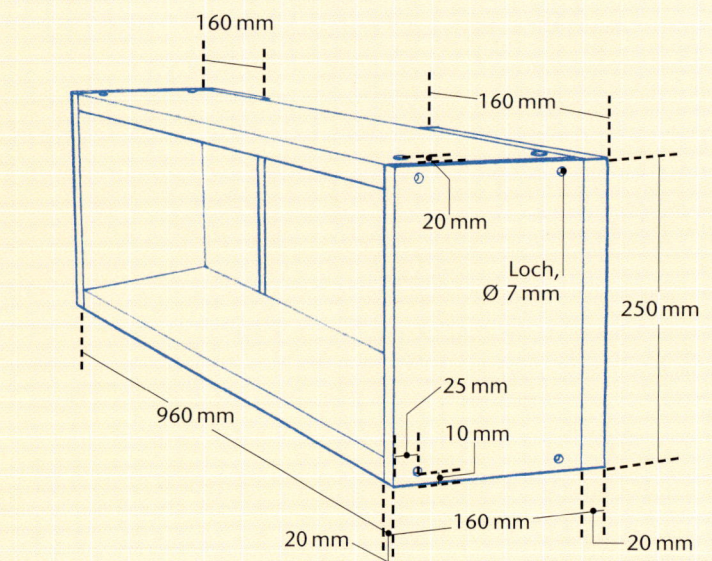

Materialliste

Kiefernholz (siehe Zuschnittliste)

Abfallstücke für die Bohrschablone

6 Nägel für die Bohrschablone

Holzdübel (200 mm, Ø 12 mm)

22 Stahlschrauben mit Senkkopf
(30 mm x Nr. 8)

Schleifpapier der Körnung 150 bis 300

Schwarzer Faserstift

PVA-Leim

Mattlack

Terpentinersatz zur Pinselreinigung

Zuschnittliste

Alle Teile bestehen aus Kiefernholz

2 Teile 960 x 160 x 20 mm
(Regalböden)

2 Teile 250 x 160 x 20 mm
(Seitenwände)

2 Teile 250 x 160 x 20 mm
(Rückwände)

Arbeitstechniken

**HOBELN
MIT DEM
HANDHOBEL,
S. 20**

**BOHREN
VON LÖCHERN,
S. 19**

**SCHRAUBEN
EINDREHEN,
S. 24**

Wenn Ihnen das Design gefällt, Sie jedoch keine Dübel verwenden möchten, können Sie auch Gewindestäbe zusammen mit Exzenterverbindern und Messing-Hülsenschrauben wie beim Liegestuhl auf Seite 130 benutzen.

Abb. 1

1 Prüfen Sie die sechs auf Maß zugeschnittenen und gehobelten Bretter auf Verwerfungen, Risse und ungünstig gelegene Astknoten. Mit dem Hirnholzhobel glätten Sie die Schmalseiten und brechen alle Kanten (Abb. 1).

Abb. 2

2 Aus den Holzabfällen und den Nägeln bauen Sie nun eine Schablone, die die Bretter des Regals beim Bohren in der korrekten Position hält. Schieben Sie ein Brett in die Schablone, befestigen Sie es mit Hilfe von Zwingen am Tisch der Bohrmaschine, so dass der 12-mm-Bohrer genau über dem angerissenen Mittelpunkt (Abb. 2) steht und bohren Sie das Dübelloch.

Abb. 3

3 Mit Bleistift und Lineal markieren Sie nun 23-mm-Intervalle auf dem langen Holzdübel. Setzen Sie ein Messer auf die jeweilige Markierung und rollen Sie den Dübel, bis der Schnitt komplett ist (Abb. 3). Durch die lange Fase des Messers werden die Enden der Dübel gleich abgerundet.

Abb. 4

4 Schleifen Sie die Dübelenden, bis diese leicht gewölbt sind (Abb. 4). Stecken Sie die Dübel in die Löcher in den Enden der Regalböden, so dass sie leicht überstehen.

Abb. 5

5 Mit dem Bohrsenker bohren Sie nun Löcher durch die Seitenwände und die Bretter der Rückwand. Drehen Sie die Schrauben soweit ein, dass die Köpfe etwa 5 mm unterhalb der Oberfläche liegen. Abb. 5 zeigt, wie die Rückwand an das Regal geschraubt wird.

Abb. 6

6 Schneiden Sie aus einem Abfallstück Kiefernholz kleine Dübel und leimen Sie diese über die Schrauben (Abb. 6). Zum Schluss schleifen Sie das ganze Regal glatt und lackieren die Oberfläche.

Konstruktionsvarianten

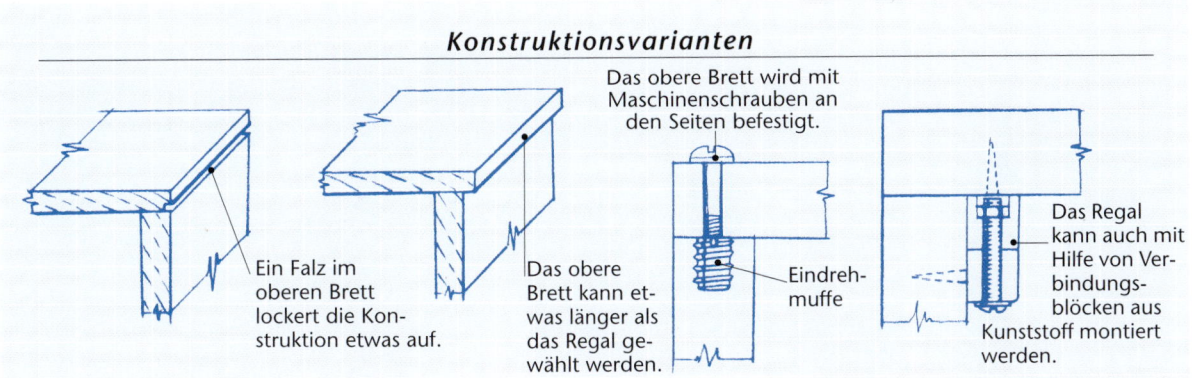

Ein Falz im oberen Brett lockert die Konstruktion etwas auf.

Das obere Brett kann etwas länger als das Regal gewählt werden.

Das obere Brett wird mit Maschinenschrauben an den Seiten befestigt.

Eindrehmuffe

Das Regal kann auch mit Hilfe von Verbindungsblöcken aus Kunststoff montiert werden.

Papierkorb

Das ist genau der richtige Papierkorb für alle Designfreaks! Werfen Sie endlich Ihre Papierkörbe aus Flechtwerk oder Plastik, die schon seit über zwanzig Jahren bei Ihnen herumstehen raus und bauen Sie sich diesen Papierkorb, der durchaus aussieht, als ob er ins einundzwanzigste Jahrhundert gehört. In ein Heimbüro oder Kinderzimmer würde er ebenfalls gut passen.

Alle Teile dieses relativ einfach herzustellenden Behälters bestehen aus Birkensperrholz höchster Qualität. Die Löcher sind sorgfältig auszubohren und abzuschleifen, die fünf Bretter müssen verleimt und vernagelt werden – viel mehr ist zu dieser Konstruktion nicht zu sagen. Der Entwurf ist außerdem sehr flexibel, Sie können die Anordnung der gebohrten Löcher verändern, andere Muster aussägen oder den Papierkorb in einer leuchtenden Primärfarbe streichen. Versuchen Sie nicht Kosten zu sparen, indem Sie billiges Sperrholz mit einer weichen Mittelschicht (aus Malaysia) verwenden, denn dieses ist von schlechterer Qualität. Kaufen Sie unbedingt Birkensperrholz bester Qualität und bitten Sie Ihren Fachhändler um Hilfe, falls Sie sich nicht sicher sind.

Benötigte Werkzeuge

Werkbank mit Schraubstock, Bleistift, Lineal, Winkel, Ahle, Tischbohrmaschine, Forstnerbohrer (25 mm und 40 mm), Zwingen, Schleifmaschine, kleiner Hammer, Schleifblock, Pinsel

WEITERE NÜTZLICHE WERKZEUGE
Anreißmesser

Papierkorb

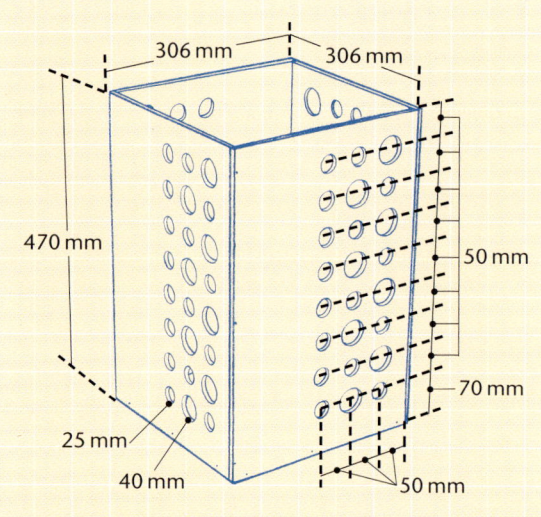

306 mm | 306 mm

470 mm

50 mm

70 mm

25 mm

40 mm

50 mm

Die Wände sind so zusammengefügt, dass man auf jeder Seite nur eine Kante sieht.

Arbeitstechniken

BOHREN
VON LÖCHERN,
S. 19

SCHLEIFEN,
S. 26

NAGELN,
S. 24

Materialliste

Birkensperrholz (siehe Zuschnittliste)

Abdeckband

Schleifpapier der Körnung 100 und 150

PVA-Leim

Stahlnägel, 24 x 12 mm

Teaköl

Zuschnittliste

Alle Teile bestehen aus Birkensperrholz

4 Teile 470 x 300 x 6 mm (Seiten)

1 Teil 294 x 294 x 12 mm (Boden)

Abb. 1

1 Nehmen Sie ein Seitenteil und zeichnen Sie mit Lineal und Winkel ein Gitternetz aus Linien im Abstand von 50 mm (Abb. 1) auf das Brett. Überprüfen Sie die Abstände noch einmal um sicherzugehen, dass alle Quadrate die gleiche Größe haben.

ABB. 2

2 Legen Sie nun alle vier Seitenbretter übereinander und kleben Sie diese mit Klebeband zusammen (Abb. 2). Überprüfen Sie Ihren Entwurf, entscheiden Sie sich für ein Lochmuster und stechen Sie die Mittelpunkte der Bohrungen mit der Ahle vor.

Abb. 3

3 Spannen Sie den Forstnerbohrer in die Tischbohrmaschine, legen Sie ein Stück Abfallholz auf den Bohrtisch und beginnen Sie mit dem Bohren des Lochmusters (Abb. 3). Damit jedes Loch sauber gebohrt wird, sollten Sie den Bohrer jeweils genau über den angerissenen Mittelpunkt stellen und dann das Werkstück festspannen.

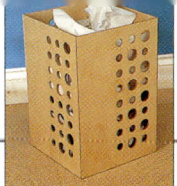

Abb. 4

4 Nachdem Sie alle Löcher gebohrt haben, entfernen Sie das Klebeband und schleifen die Oberflächen glatt (Abb. 4). Achten Sie darauf, die Kanten dabei nicht abzurunden.

Abb. 5

5 Falten Sie nun ein Stück feinkörniges Sandpapier zusammen und brechen Sie damit die Kanten der gebohrten Löcher (Abb. 5). Arbeiten Sie so lange, bis sich alle Kanten schön glatt anfassen.

Abb. 6

6 Schleifen Sie die Kanten des Bodens und verkleben und vernageln Sie die Seitenteile (Abb.6). Achten Sie dabei darauf, die Nägel nicht schräg einzuschlagen. Zum Schluss schleifen Sie den Papierkorb noch einmal mit feinkörnigem Sandpapier und bestreichen ihn mit Teaköl.

TIPP

Falls Sie sich nicht sicher sind, ob Sie die dünnen Stifte präzise genug einschlagen können, bitten Sie um Hilfe oder Sie bohren mit einer Handbohrmaschine und einem sehr feinen Bohrer Führungslöcher.

Konstruktionsvarianten

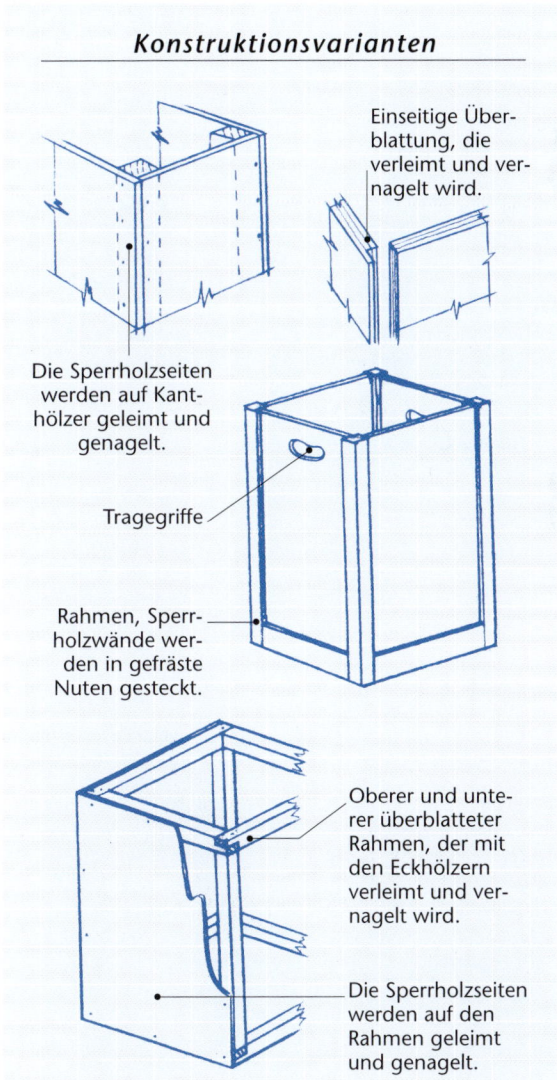

Einseitige Überblattung, die verleimt und vernagelt wird.

Die Sperrholzseiten werden auf Kanthölzer geleimt und genagelt.

Tragegriffe

Rahmen, Sperrholzwände werden in gefräste Nuten gesteckt.

Oberer und unterer überblatteter Rahmen, der mit den Eckhölzern verleimt und vernagelt wird.

Die Sperrholzseiten werden auf den Rahmen geleimt und genagelt.

Kinderhocker

Beim Bau dieses hübschen Kinderhockers hat mich ein Hocker aus der Küche meiner Großeltern inspiriert. Immer wenn Großvater etwas Farbe übrig hatte, wurde der Hocker neu gestrichen – einmal rot wie der Hühnerstall, dann grün wie das Gartentor, jedoch meistens, ich weiß nicht warum, war er leuchtend gelb. Meine Großeltern haben ihn als Fußbank benutzt, um an die oberen Schrankfächer zu gelangen, aber der Hocker war auch mein ganz persönlicher Sitzplatz. Wahrscheinlich wird er auch in Ihrem Haus mehreren Zwecken dienen.

Selbst wenn Sie noch ganz am Anfang Ihrer Laufbahn als Hobbytischler stehen, werden Sie keine Schwierigkeiten haben den Bau dieses Hockers zu meistern. Er besteht aus 20 mm dicken Kiefernbrettern und die Einzelteile werden mit Hilfe einer Laubsäge zugesägt. Die schrägen Beine stecken in Nuten auf der Innenseite der zwei seitlichen Bretter und der Hocker wird durch Schrauben zusammengehalten. Wir haben ihn gelb gestrichen, aber Sie können ebenso gut eine andere kräftige Farbe verwenden – feuerwehrrot oder tiefblau beispielsweise.

Benötigte Werkzeuge

Arbeitsbank mit Schraubstock und Schnellspanner, Einsatzzirkel, Bleistift, Lineal, Winkel, Schmiege, Laubsäge, Tischbohrmaschine oder elektrische Bohrmaschine, Spiralbohrer (10 und 5 mm), Zapfensäge, Stecheisen mit seitlichen Fasen und 16 mm breiter Klinge, Hirnholzhobel, Schleifblock, Versenker, Schraubendreher, Pinsel

WEITERE NÜTZLICHE WERKZEUGE
Akkuschrauber, Schleifmaschine, Stechzirkel, Anreißmesser

Kinderhocker

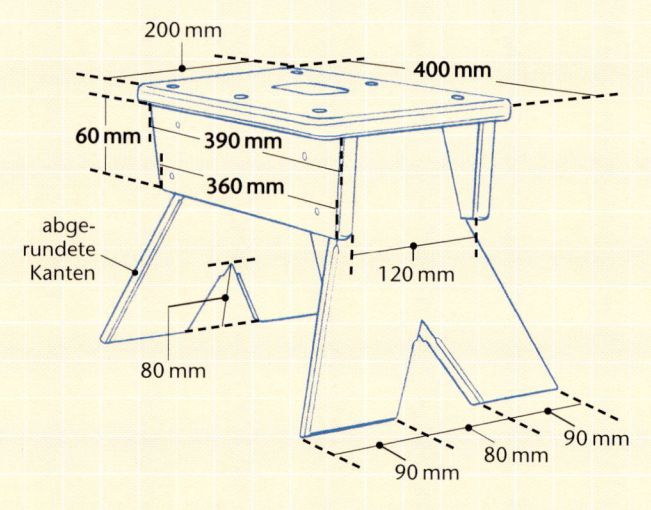

200 mm

400 mm

60 mm

390 mm

360 mm

abge-
rundete
Kanten

120 mm

80 mm

90 mm

80 mm

90 mm

*Das Loch in der Mitte des Sitzes dient als Tragegriff.
Sie sollten die Abmessungen so wählen, dass das Kind
seinen Fuß nicht darin verklemmen kann.*

Materialliste

Kiefernholz (siehe Zuschnittliste)
Schleifpapier der Körnung 80 und 150
12 Stahlschrauben mit Senkköpfen: 30 mm x Nr. 8
Gelbe Lackfarbe
Terpentinersatz zur Pinselreinigung

Zuschnittliste

Alle Teile bestehen aus Kiefernholz
1 Brett 400 x 200 x 18 mm (Sitzbrett)
2 Bretter 390 x 60 x 18 mm (seitliche Bretter)
2 Bretter 260 x 260 x 18 mm (Beine)

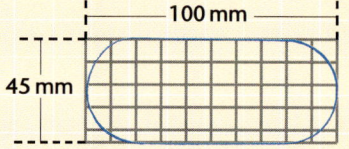

100 mm

45 mm

Abb. 1

Abb. 2

1 Prüfen Sie die vorbereiteten Bretter auf mögliche Problemstellen wie Risse und ungünstig platzierte Astknoten. Mit einem Winkel und einer Schmiege reißen Sie nun die auszusägende Form an. Beim Anreißen der Beine des Hockers beginnen Sie mit der Mittellinie, von der aus dann alle anderen Maße markiert werden (Abb. 1).

2 Mit der Laubsäge werden nun alle Einzelteile ausgesägt. Sägen Sie langsam und ohne Druck und achten Sie darauf, dass sich das Sägeblatt immer auf der Verschnittseite des Risses befindet (Abb. 2). Falls das Sägeblatt wiederholt vom Kurs abkommt, an Spannung verliert oder falls die Sägekante plötzlich braun wird und glänzt, muss das Blatt wahrscheinlich ersetzt werden.

Abb. 3

3 Mit dem 10-mm-Spiralbohrer bohren Sie ein Führungsloch in die Mitte des Sitzes, stecken Sie ein Ende des Laubsägeblattes durch das Loch und spannen Sie das Sägeblatt wieder ein. Sägen Sie entlang der Risslinie bis das Abfallstück herausfällt (Abb. 3).

TIPP

Falls Sie die Führungsnut für die Seitenteile mit einem Stecheisen ausstechen, achten Sie darauf, dass das Stecheisen etwas schmaler als die geplante Breite der Nut ist.

Abb. 4

4 Die Führungsnut in den seitlichen Brettern wird mit Zapfensäge und Stecheisen herausgearbeitet. Reißen Sie zwei parallele Linien an, die erste beginnt im Abstand von 20 mm und endet im Abstand von 60 mm vom Ende des Brettes, die zweite verläuft 18 mm daneben (Abb. 4).

Abb. 5

5 Sägen Sie nun die beide Linien 5 mm tief ein und stechen Sie den Abfall sauber aus. Mit dem Hirnholzhobel runden Sie alle sichtbaren Kanten leicht ab, wie in den Abbildungen 4 und 6 zu sehen ist. Bearbeiten Sie dann die Kanten der Fußteile mit Stecheisen und Schleifpapier bis diese genau in die Nuten der Seitenteile passen (Abb. 5).

Abb. 6

6 Bohren Sie mit dem 5-mm-Bohrer Führungslöcher für die Schrauben und erweitern Sie diese mit dem Versenker bis auf die Größe der Schraubenköpfe. Schrauben Sie die Seitenbretter an die Beine und darauf das Sitzbrett und versenken Sie alle Schrauben, so dass die Köpfe etwas tiefer als die Holzoberfläche liegen. Schleifen Sie die Fußbank mit feinem Sandpapier ab, wischen Sie den Staub weg und streichen Sie den Stuhl mit Farbe (Abb. 6).

Gedrechselte Obstschale

Früchte in der Küche oder im Esszimmer sind immer eine schöne Dekoration, umso mehr, wenn sie in einer schönen Schale präsentiert werden. Holzschalen mit naturbelassener Oberfläche eignen sich dafür ganz besonders. Wenn sich dann herausstellt, dass die schöne Schale von Ihnen selbst gefertigt wurde, können Sie sich der Bewunderung Ihrer Bekannten und Verwandten sicher sein. Wahrscheinlich wird man bald schon die ersten Bestellungen bei Ihnen aufgeben!

Für die hier gezeigte Schale brauchen Sie nicht lange nach einem geeigneten großen Holzstück zu suchen, das zudem auch relativ teuer wäre, denn sie ist aus einem Block gedrechselt, der aus mehreren geradfasrigen Eichenbrettern zusammengeleimt wurde. Zwar ist das eine klebrige Angelegenheit, die etwas Zeit erfordert, Sie brauchen sich danach jedoch nicht um lose Astknoten, Risse oder Verwerfungen des Holzes zu sorgen.

Benötigte Werkzeuge

Werkbank mit Schraubstock, Einsatzzirkel, Bleistift, Lineal, Laubsäge, 4 Zwingen mit großer Spannweite, mittelgroße Drechselbank mit 150-mm-Planscheibe (zur Bearbeitung von Holzstücken mit einem Durchmesser größer als 250 mm), Schraubendreher, Drechselwerkzeuge (große Schruppröhre, Rundschaber), Bohrfutter zur Montage am Reitstock der Drechselbank, Atemschutzgerät oder Staubmaske und Schutzbrille, Ohrenschützer, 50-mm-Forstnerbohrer, Schleifblock

WEITERE NÜTZLICHE WERKZEUGE
Akkuschrauber, Schleifmaschine, Stechzirkel

Gedrechselte Obstschale

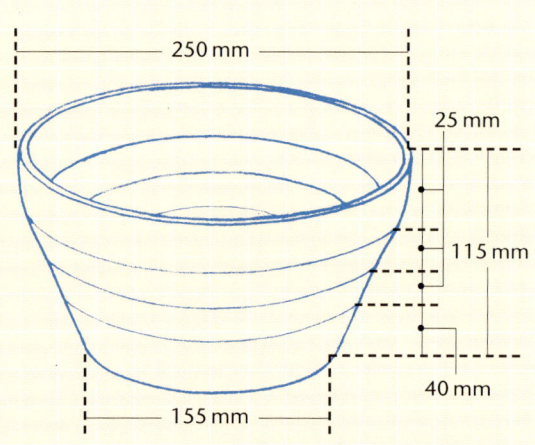

250 mm

25 mm

115 mm

40 mm

155 mm

Zwar haben wir ausschließlich Eiche verwendet, man könnte jedoch auch zwei Holzarten unterschiedlicher Farbe wählen, um die Schale noch interessanter zu gestalten.

Materialliste

Eichenholz (siehe Zuschnittliste)

PVA-Leim

Stahlschrauben mit Senkkopf passend zur Planscheibe

Schleifpapier der Körnung 100 bis 300

Pflanzenöl

Fusselfreies Baumwolltuch zum Auftragen des Öls

Zuschnittliste

Alle Teile bestehen aus Eichenholz.

1 Teil 250 x 250 x 40 mm (Grundplatte)

3 Teile 250 x 250 x 25 mm (obere Scheiben)

Arbeitstechniken

AUSSÄGEN
GESCHWEIFTER
FORMEN,
S. 18

DRECHSELN,
S. 25

NATÜRLICHE
OBERFLÄCHEN-
BEHANDLUNG,
S. 26

Abb. 1

1 Nehmen Sie die glatt gehobelten Holzstücke, stellen Sie den Zirkel auf einen Radius von 125 mm und reißen Sie auf allen Stücken Kreise an. Schneiden Sie die Scheiben mit einer Laubsäge aus (Abb. 1).

Abb. 2

2 Streichen Sie reichlich PVA-Leim auf die jeweils gegenüberliegenden Oberflächen, stapeln Sie alle Scheiben übereinander und spannen Sie den Block fest zwischen mehrere Zwingen (Abb. 2). Dabei macht es nichts, wenn etwas Leim an den Seiten austritt. Lassen Sie den Leim mindestens 24 Stunden trocknen und nehmen Sie dann die Zwingen ab.

Abb. 3

3 Legen Sie die Planscheibe der Drechselbank genau über den Mittelpunkt des Holzblockes und schrauben Sie diese mit drei oder mehr Stahlschrauben fest. Verwenden Sie keine Messing- oder Aluminiumschrauben, da diese nicht stabil genug sind und lassen Sie den Leim niemals weniger als 24 Stunden aushärten.

Abb. 4

4 Montieren Sie die Planscheibe mit der Ronde auf der Drechselbank und stellen Sie die Werkzeugauflage so ein, dass sie sich etwas unter dem Mittelpunkt befindet (Abb. 4). Der Holzblock darf nicht an der Werkzeugauflage anstoßen.

TIPP

Drechseln birgt ein hohes Gefahrenpotential. Arbeiten Sie grundsätzlich mit Schutzausrüstung und in eng anliegender Kleidung.

Abb. 5

5 Mit der großen Schruppröhre bearbeiten Sie die Ronde so lange, bis Sie einen glatten Zylinder mit einem Ø 250 mm erhalten. Dann drechseln Sie die äußere Form der Schale (Abb. 5). Werkzeugauflage immer so einstellen, dass sie sich stets nah am Werkstück befindet.

Abb. 6

6 Bauen Sie die Werkzeugablage ab und spannen Sie den 50-mm-Forstnerbohrer in das Futter. Schieben Sie den Reitstock langsam nach vorn, so dass ein Führungsloch mit einer Tiefe von etwa 90 mm gebohrt wird, welches etwa 25 mm über dem Boden der Schale endet (Abb. 6). Ziehen Sie den Bohrer mehrmals zwischendurch heraus, um den Abfall zu entfernen.

Abb. 7

7 Montieren Sie nun die Werkzeugauflage wie in Abb. 7 dargestellt und drehen Sie vorsichtig mit Schruppröhre und Schaber die Innenseite der Schüssel aus, bis Sie am Boden des Führungsloches angelangt sind. Wenn Sie mit dem Profil zufrieden sind, schleifen Sie die Schale ab und polieren sie mit Pflanzenöl.

Küchenbrettchen

Es macht mir immer wieder Freude zu sehen, wie meine Familie oder Freunde zahlreiche kleine Dinge, die ich selbst hergestellt habe, tagtäglich benutzen. Eines Tages fielen mir in der Werkstatt zwei Stück Apfelbaumholz ins Auge und ich beschloss, daraus Küchenbrettchen zu fertigen. Wenig später lagen beide Brettchen schon auf dem Küchentisch und es wurde Brot und Käse darauf geschnitten. Die Brettchen sind wirklich nichts Besonderes, das Design ist ziemlich elementar, aber es ist einfach ein schönes Gefühl, solche nützlichen Gegenstände selbst hergestellt zu haben.

Beide Brettchen wurden aus Apfelholz gedrechselt und unterschiedlich dekoriert – das eine mittels einer Brenntechnik, der Pyrographie, das andere mit einem Kerbschnitzmuster. Pyrographie ist eine einfache Technik, bei der mit einem heißen Eisen Muster in das Holz gebrannt werden. Das Kerbschnitzen ist genauso simpel – aus vielen kleinen bootförmige Kerben ist hier ein Ährenmuster entstanden und was könnte besser zu einem Brotschneidebrett passen? Üben Sie das Kerbschnitzen zuerst an einem Stück Abfallholz!

Benötigte Werkzeuge

Werkbank mit Schraubstock und Schnellspanner, Einsatzzirkel, Bleistift, Lineal, Laubsäge, Drechselbank mit großer Planscheibe, Drechselwerkzeuge (Meißel mit schräger Schneide, Schruppröhre und Rundschaber), Gesichtsschutzmaske oder Staubmaske und Schutzbrille, Ohrenschützer, Schleifblock, Stechzirkel, elektrischer Lötkolben, kleines Taschenmesser.

WEITERE NÜTZLICHE WERKZEUGE
Verschiedene Schnitzmesser

Küchenbrettchen

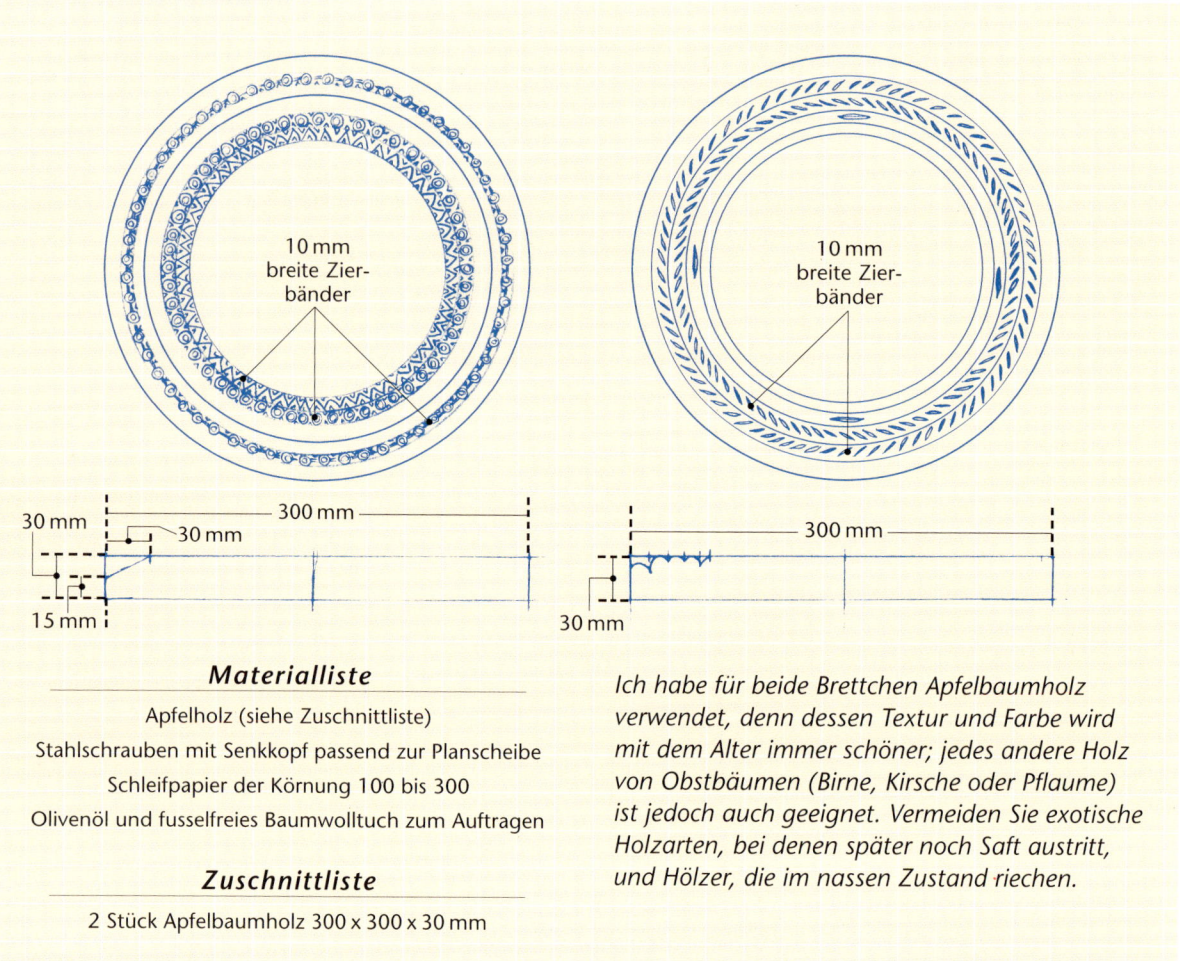

10 mm
breite Zier-
bänder

10 mm
breite Zier-
bänder

30 mm

30 mm

300 mm

15 mm

300 mm

30 mm

Materialliste

Apfelholz (siehe Zuschnittliste)

Stahlschrauben mit Senkkopf passend zur Planscheibe

Schleifpapier der Körnung 100 bis 300

Olivenöl und fusselfreies Baumwolltuch zum Auftragen

Zuschnittliste

2 Stück Apfelbaumholz 300 x 300 x 30 mm

Ich habe für beide Brettchen Apfelbaumholz verwendet, denn dessen Textur und Farbe wird mit dem Alter immer schöner; jedes andere Holz von Obstbäumen (Birne, Kirsche oder Pflaume) ist jedoch auch geeignet. Vermeiden Sie exotische Holzarten, bei denen später noch Saft austritt, und Hölzer, die im nassen Zustand riechen.

BRETTCHEN MIT BRANDMUSTER

Abb. 1

1 Vergewissern Sie sich, dass das Holz völlig fehlerlos ist und nirgendwo Astknoten oder Risse aufweist, denn die Enttäuschung wäre sehr groß, wenn man das Brettchen erst mit viel Mühe drechselt und dekoriert und es schließlich in zwei Teile zerbricht. Entscheiden Sie, welche der beiden Seiten des Brettes die bessere ist und reißen Sie dann auf der anderen Seite einen Kreis mit dem gewünschten Durchmesser an (Abb. 1). Markieren Sie den Mittelpunkt mit einem Kreuz, so dass er deutlich zu sehen ist.

Abb. 2

2 Die gleichen Arbeitsschritte führen Sie nun für das andere Brettchen aus, das später mit einem Kerbschnitzmuster verziert wird. Spannen Sie ein Sägeblatt mit relativ grober Zahnung in die Laubsäge und sägen Sie die Grundform beider Brettchen aus (Abb. 2).

TIPP

Drechseln birgt ein hohes Gefahrenpotential. Lesen Sie immer erst die Bedienungsanleitung, bevor Sie die Drechselbank einschalten und beachten Sie die folgenden Hinweise: Tragen Sie immer eine Gesichtsschutzmaske oder eine Staubmaske zusammen mit einer Schutzbrille. Tragen Sie keinen Schmuck und arbeiten Sie niemals mit offenen Haaren. Drechseln Sie nicht nach der Einnahme von Medikamenten, die die Reaktionsfähigkeit beeinträchtigen. Es sollte immer irgendjemand darüber informiert sein, dass Sie gerade an der Drechselbank arbeiten. Stationieren Sie ein Telefon in der Nähe der Werkstatt. Sorgen Sie dafür, dass Kinder, die Ihnen bei der Arbeit zuschauen möchten, Schutzbrillen und Ohrenschützer tragen und nicht in die Nähe der Drechselbank gelangen.

Abb. 3

3 Setzen Sie nun die Planscheibe der Drechselbank genau auf den Mittelpunkt des Brettchens, spannen Sie beides mit Hilfe eines Schnellspanners auf die Werkbank und befestigen Sie die Planscheibe mit passenden Stahlschrauben (Abb. 3). Dann montieren Sie die Planscheibe an der Drechselbank.

Abb. 4

4 Stellen Sie die Werkzeugauflage so ein, dass sie sich etwas unterhalb des Mittelpunktes des Werkstückes befindet. Schalten Sie den Strom ein und drehen Sie die Ronde mit der Röhre zu einer glatten Scheibe. Mit dem Meißel schrägen Sie dann die Kanten ab (Abb. 4).

Abb. 5

5 Nachdem Sie die gewünschte Form herausgedreht haben, nehmen Sie ein Stück Schleifpapier mittlerer Körnung und schleifen die Holzoberfläche glatt. Stellen Sie den Stechzirkel auf einen Abstand von 10 mm ein und reißen Sie damit die Position der gewünschten Schmuckbänder entlang der Kanten des Brettchens an (Abb. 5).

Abb. 6

6 Nehmen Sie das Brettchen von der Planscheibe. Schließen Sie den Lötkolben an und warten Sie, bis die Spitze ganz heiß ist. Probieren Sie die Technik erst auf einem Stück Abfallholz aus, bis Sie ein Muster gefunden haben, das Ihnen gefällt. Verzieren Sie nun das Brettchen (Abb. 6). Zum Abschluss reiben Sie es mit etwas Olivenöl ein.

BRETTCHEN MIT KERBSCHNITZMUSTER

Abb. 1

7 Montieren Sie die Ronde auf der Planscheibe und diese an der Drechselbank wie in Schritt 3 beschrieben. Drehen Sie das Brett zu einer glatten Scheibe und runden Sie dann mit Hilfe des Meißels die Kanten ab, so dass Sie einen schönen konvexen Querschnitt erhalten (Abb. 1). Mit dem Schleifpapier glätten Sie die Kanten, sowie die Ober- und Unterseite des Brettchens.

Abb. 2

8 Fahren Sie mit der Bearbeitung des Brettchens fort, bis der entstehende Rand etwa 50 mm breit ist. Stellen Sie den Stechzirkel auf einen Abstand von 10 mm und reißen Sie die Position der Zierbänder an. Mit einem Rundschaber drehen Sie nun eine kleine Rinne auf der Innenseite des Randes (Abb. 2). Nehmen Sie das Brettchen ab und schleifen Sie die Rückseite glatt.

Abb. 3

9 Legen Sie das Brettchen auf die Werkbank.
Mit dem kleinen Taschenmesser machen Sie
in regelmäßigen Abschnitten etwa 3 mm
tiefe Einschnitte zwischen den angerissenen Kreislinien. Im zweiten Durchgang führen Sie einen
zweiten Schnitt dicht neben dem ersten aus, so
dass im Ergebnis kleine bootförmige Kerben entstehen (Abb. 3).

Abb. 4

10 Wiederholen Sie die beiden Arbeitsgänge
auf dem danebenliegenden Band, jedoch
in entgegengesetzter Richtung, so dass
die Kerben schließlich die Form einer Ähre bilden.
Fegen Sie Staub und Holzspäne von der Werkbank,
überprüfen Sie, ob die Rückseite des Brettchens
schön glatt und eben ist und reiben Sie das Brett mit
etwas Olivenöl ein.

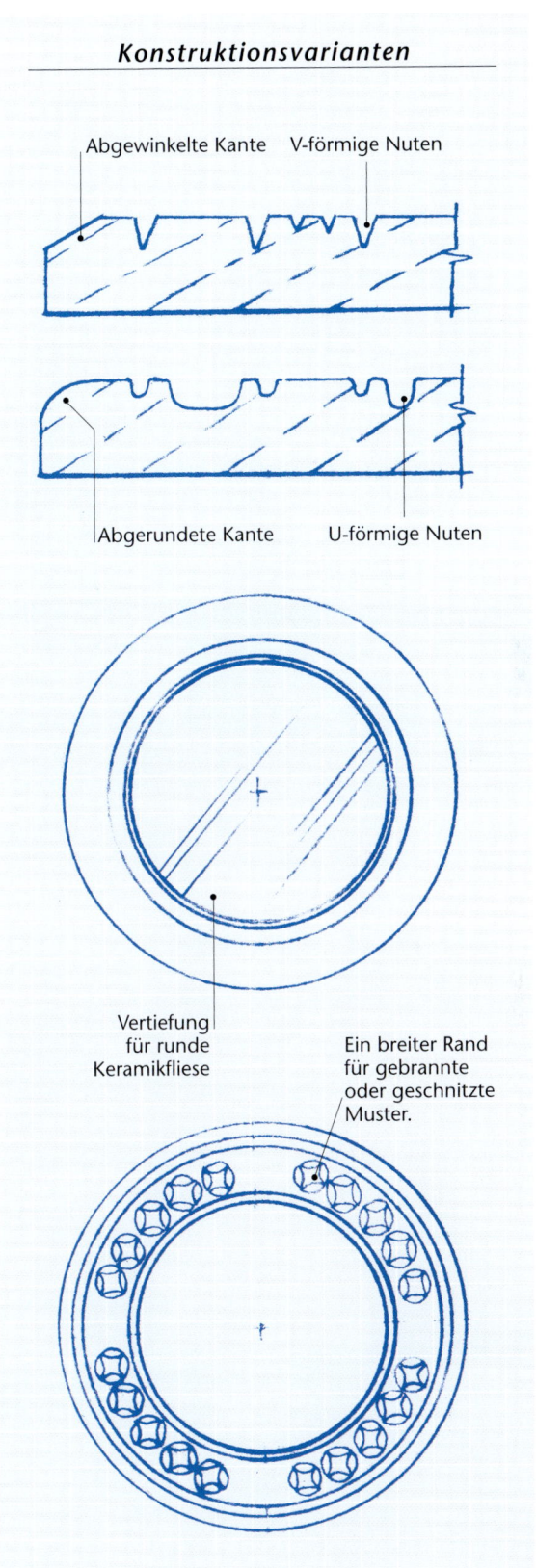

Konstruktionsvarianten

Abgewinkelte Kante V-förmige Nuten

Abgerundete Kante U-förmige Nuten

Vertiefung
für runde
Keramikfliese

Ein breiter Rand
für gebrannte
oder geschnitzte
Muster.

Fernseh- und Videotisch

Die Idee für dieses Projekt kam mir beim Fernsehen, als mir plötzlich auffiel, dass die ganze Fernsehecke schrecklich unordentlich aussah. Der Videorecorder stand auf dem Boden, die Videos stapelten sich auf einem Stuhl und überall lagen die Kabel herum. Ich beschloss also, ein spezielles Eckregal zu bauen, in dem alle Geräte Platz hätten und man auch die Kabel verstecken könnte.

Das dreieckige Regal besteht aus Birkensperrholz und steht auf vier Rollfüßen. Unter dem Bildschirm befindet sich ein Fach für den Videorecorder und darunter ist noch Platz für Videos oder Zeitschriften. Die Kabel befinden sich alle in der hinteren Ecke und führen direkt in eine dort befindliche Steckdose. Die Oberfläche wurde natürlich belassen und lediglich mit Öl abgerieben, so dass ein funktionaler, moderner und attraktiver Videotisch entstanden ist.

Wenn Ihnen die Idee im Großen und Ganzen gefällt, Sie jedoch lieber noch ein Fach mehr hätten oder ein Regal für Videos integrieren möchten, lässt sich der Entwurf ohne weiteres Ihren Vorstellungen anpassen.

Benötigte Werkzeuge

Werkbank mit Schraubstock und Schnellspanner,
Bleistift, Lineal, Einsatzzirkel, Winkel, Hirnholzhobel,
Schleifblock, Laubsäge, elektrische Bohrmaschine,
12-mm-Forstner-Bohrer, 7-mm-Bohrsenker mit passendem Dübelschneider, Schraubendreher, Ahle, Pinsel

WEITERE NÜTZLICHE WERKZEUGE
Akkuschrauber, Schleifmaschine, Anreißmesser

Fernseh- und Videotisch

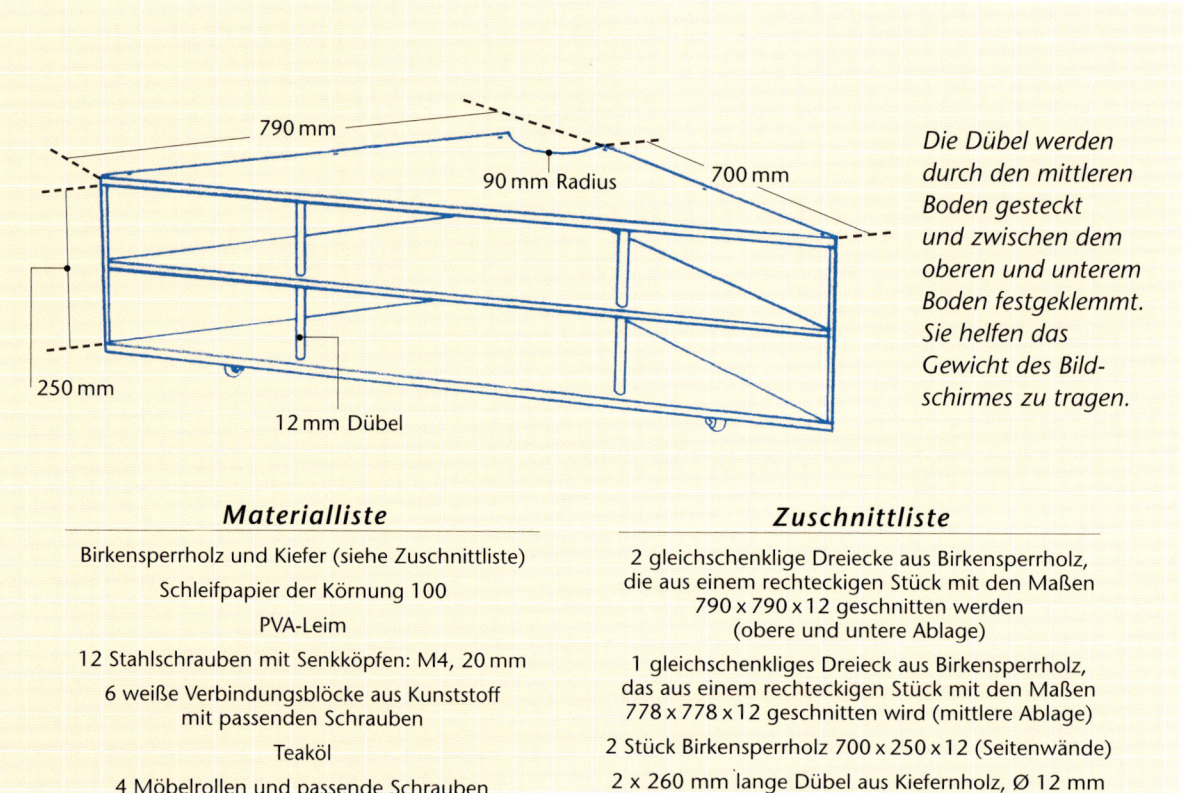

790 mm

90 mm Radius

700 mm

250 mm

12 mm Dübel

Die Dübel werden durch den mittleren Boden gesteckt und zwischen dem oberen und unterem Boden festgeklemmt. Sie helfen das Gewicht des Bildschirmes zu tragen.

Materialliste

Birkensperrholz und Kiefer (siehe Zuschnittliste)

Schleifpapier der Körnung 100

PVA-Leim

12 Stahlschrauben mit Senkköpfen: M4, 20 mm

6 weiße Verbindungsblöcke aus Kunststoff
mit passenden Schrauben

Teaköl

4 Möbelrollen und passende Schrauben

Zuschnittliste

2 gleichschenklige Dreiecke aus Birkensperrholz,
die aus einem rechteckigen Stück mit den Maßen
790 x 790 x 12 geschnitten werden
(obere und untere Ablage)

1 gleichschenkliges Dreieck aus Birkensperrholz,
das aus einem rechteckigen Stück mit den Maßen
778 x 778 x 12 geschnitten wird (mittlere Ablage)

2 Stück Birkensperrholz 700 x 250 x 12 (Seitenwände)

2 x 260 mm lange Dübel aus Kiefernholz, Ø 12 mm

ren Bodens an.) Stellen Sie den Zirkel auf einen Radius von 90 mm ein, stechen Sie am rechten Winkel des Dreiecks ein und reißen Sie auf allen drei Brettern einen Viertelkreis an (Abb. 1).

Abb. 1

1 Säubern Sie die Kanten aller drei Böden mit Hirnholzhobel und Schleifpapier. Überprüfen Sie, ob das obere und das untere Brett genau gleich groß sind. Zeichnen Sie mit Bleistift und Lineal an den beiden gleich langen Schenkeln eine Linie, die 12 mm von der Kante entfernt verläuft. (Diese Linie zeigt den Verlauf der Kante des mittle-

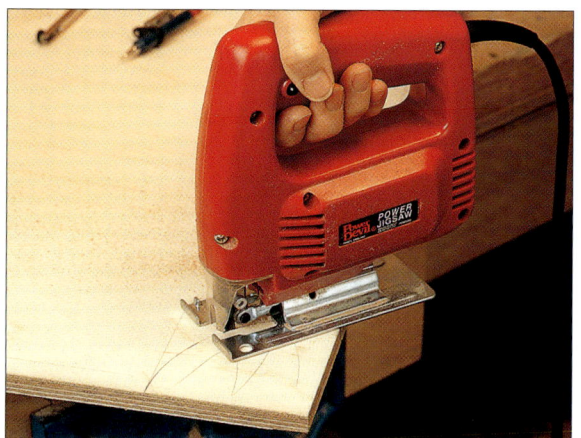

Abb. 2

2 Mit einem Schnellspanner fixieren Sie das Werkstück nun so auf der Werkbank, dass die rechtwinklige Ecke weit übersteht und sägen dann mit der Laubsäge den Viertelkreis aus (Abb. 2). Wiederholen Sie diesen Arbeitsschritt für alle drei Bretter.

Abb. 3

3 Bohren Sie mit dem 12-mm-Bohrer die Dübellöcher. Beim mittleren Brett werden die Löcher ganz durchgebohrt, im oberen und unteren Brett dürfen Sie nur 6 mm tief sein. Nun setzen Sie den 7-mm-Bohrsenker für die Schraubenlöcher ein. Verleimen und verschrauben Sie das obere Brett mit den Seitenwänden. Schneiden Sie kleine Holzdübel, die Sie über den Schraubenköpfen verleimen. Montieren Sie den mittleren Boden mit Hilfe der Kunststoff-Verbindungsblöcke (Abb. 3).

Abb. 4

4 Setzen sie die 12-mm-Dübel ein, bohren Sie die Löcher für den unteren Boden und verleimen und verschrauben Sie diesen (Abb. 4). Verdecken Sie hier ebenfalls alle versenkten Schraubenköpfe durch Dübel. Schleifen Sie alles sorgfältig ab und tragen Sie etwas Teaköl auf.

Abb. 5

5 Stellen Sie das Regal auf den Kopf und zeichnen Sie die Position der vier Rollen an. Stechen Sie mit der Ahle die Schraubenlöcher vor und schrauben Sie dann die Rollen fest (Abb. 5). Zum Schluss schleifen Sie die obere Ablage noch einmal mit feinkörnigem Sandpapier ab und tragen eine weitere Schicht Teaköl auf. Ölen Sie das ganze Regal innerhalb der folgenden 48 Stunden noch mehrere Male.

TIPP

Wenn Ihnen die Form des Regals gefällt, Sie jedoch weniger Geld für Material ausgeben möchten und eine einfachere Konstruktion vorziehen, können Sie auch Spanplatten verwenden und alle Verbindungen mit Hilfe von Kunststoffblöcken herstellen.

Studiotisch

Dieser Studiotisch wurde zusammen mit dem Liegestuhl, der auf den Seiten 130 bis 135 beschrieben ist, entworfen. Er ist ein absoluter Klassiker – ein wirklich schönes, modernes Möbelstück, das von mittelalterlichen, auf Böcken stehenden Tischen inspiriert wurde.

Der Tisch besteht ganz aus Eiche und passt in ein Studio genau so gut wie in ein Esszimmer. Das Eichenholz, die großzügigen Abmessungen der Bretter und die Schlichtheit des Designs sind das Geheimnis seiner Wirkung. Die Konstruktion verzichtet auf komplizierte Holzverbindungen: die Bretter werden einfach auf Stoß oder überlappend angeordnet und dann mit Hilfe von durchgehenden Gewindestangen und Ziermuttern verbunden. Die beiden X-förmigen Beine sind mit der Tischplatte verschraubt und die unteren Querstreben sorgen für ausreichende Stabilität. Die Oberfläche wird mit der Drahtbürste behandelt und dann mit Danish-Oil abgerieben. Wenn Sie an diesem Design Gefallen finden, jedoch durch den Preis des Holzes abgeschreckt werden, können Sie alternativ auch Kiefernbretter verwenden, die jedoch ein wenig dicker sein sollten als die Eichenbretter.

Benötigte Werkzeuge

Werkbank mit Schraubstock, Einsatzzirkel, Bleistift, Lineal, Winkel, Schmiege, Zwingen, Tischbohrmaschine, 10-mm-Forstnerbohrer, 5-mm-Spiralbohrer, Querschnittssäge, Hirnholzhobel, Drahtbürste, Schleifblock, Pinsel, Bohrsenker, elektrische Bohrmaschine, Akkuschrauber, Metall-Bügelsäge, Metallfeile, Inbusschlüssel für die Sechskantmuttern, Schraubendreher

WEITERE NÜTZLICHE WERKZEUGE
Schleifmaschine

Studiotisch

Arbeitstechniken

BOHREN
VON LÖCHERN,
S. 19

SPEZIELLE EFFEKTE,
S. 27

EINDREHEN
VON SCHRAUBEN,
S. 24

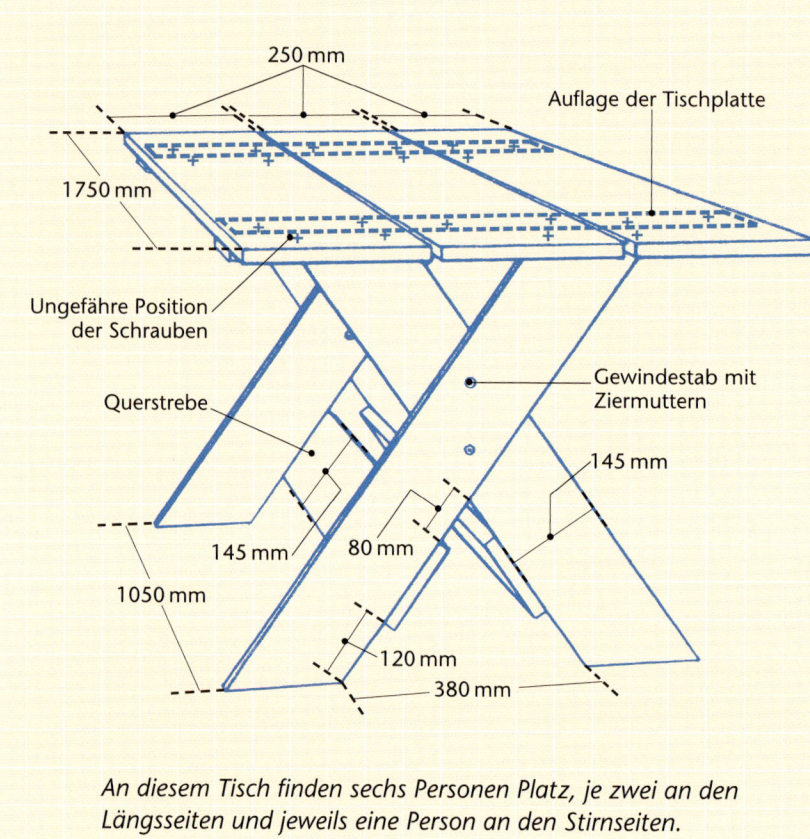

250 mm

Auflage der Tischplatte

1750 mm

Ungefähre Position
der Schrauben

Querstrebe

Gewindestab mit
Ziermuttern

145 mm

145 mm   80 mm

1050 mm

120 mm

380 mm

*An diesem Tisch finden sechs Personen Platz, je zwei an den
Längsseiten und jeweils eine Person an den Stirnseiten.*

Materialliste

Eichenholz
(siehe Zuschnittliste)

Sandpapier der Körnung
100 bis 300

Danish Oil

20 Stahlschrauben mit Senkköpfen, M4 x 35 mm

4 Gewindestäbe und
8 Messing-Schraubhülsen

8 Stahlschrauben mit Senkköpfen, M4 x 75 mm

Zuschnittliste

Alle Teile bestehen aus
Eichenholz.

4 Teile 920 x 145 x 22 (Füße)

3 Teile 1750 x 250 x 22
(Tischplatte)

2 Teile 755 x 145 x 22
(Auflagen der Tischplatte)

2 Teile 1050 x 145 x 22
(Querstreben)

2 Teile 145 x 25 x 22
(Abstandsstücke)

Abb. 1

1 Nehmen Sie die vier Bretter für die Füße und
reißen Sie mit Hilfe der Schmiege an beiden Enden die Schnittlinien an, die jeweils 100 mm
vom Brettende entfernt beginnen und diagonal bis
in die Ecke gezogen werden sollten (Abb. 1).

Abb. 2

2 Legen Sie die Bretter X-förmig übereinander
und spannen Sie sie fest, um alle Löcher für die
Schrauben und Gewindestangen zu markieren.
Bohren Sie die Löcher 5 mm stark für die Schrauben
und 10 mm stark für die Gewindestangen (Abb. 2).

Abb. 3

3 Sägen Sie die Tischbeine mit der Querschnittsäge zu und glätten Sie die Sägekanten mit dem Hirnholzhobel. Bearbeiten Sie die Bretter danach mit einer Drahtbürste, die Sie stets in Richtung der Holzfasern führen. Dabei werden die weichen Fasern herausgebürstet, so dass sich das Holz nach einer Weile leicht gefurcht anfühlt (Abb. 3).

Abb. 4

4 Schleifen Sie die Oberflächen leicht ab und behandeln Sie alle Bretter zweimal mit Danish Oil. Legen Sie die drei 250 mm breiten Bretter für die Tischplatte mit der Oberseite nach unten auf die Werkbank, wobei Sie jeweils 15 mm breite Abstandshalter dazwischen schieben. Nun legen Sie die beiden Querlatten genau im rechten Winkel darüber, bohren die Löcher für die Schrauben und drehen die Schrauben ein. Befestigen Sie jede Querlatte mit zwei 35 mm langen Schrauben (Abb. 4). Der Abstand zwischen beiden Querlatten sollte 1072 mm betragen.

Abb. 5

5 Mit einer Metall-Bügelsäge sägen Sie den Gewindestab auf die erforderliche Länge und feilen die Enden rund, so dass sie sich leicht in die Messingmuttern einschrauben lassen. Stecken Sie die Stäbe durch beide Tischbeine, schrauben Sie die Messingmuttern auf und ziehen Sie diese mit einem Inbusschlüssel fest (Abb. 5).

Abb. 6

6 Stellen Sie die Tischbeine auf die Unterseite der Tischplatte, legen Sie jeweils ein Abstandsstück zwischen die Querleisten und die Beine, fixieren Sie die Anordnung mit einer Zwinge und befestigen Sie die Beine mit den 75-mm-Schrauben (Abb. 6). Zum Schluss verbinden Sie die unteren Hälften der Beine durch die zwei Querstreben. Verwenden Sie dazu die 35 mm langen Schrauben.

Tischlampe mit gedrechseltem Fuß

Der Entwurf für diese Lampe war das Ergebnis von Überlegungen zur Herstellung eines preisgünstigen, gedrechselten Lampenfußes mit einem mittigen Loch für das Stromkabel. Abhängig vom gewählten Schirm und von der Form des Fußes, die Sie Ihrem Geschmack und der Leistungsfähigkeit Ihrer Drechselbank anpassen können, kann die Lampe einen beliebigen Raum im Haus oder der Wohnung schmücken.

Der Lampenfuß besteht aus vier Kiefernholzquadern, die miteinander verleimt wurden. Nachdem die gewünschte Form herausgedreht ist, färbt man den Fuß mit Hilfe eines auf der Werkzeugauflage platzierten Filzstiftes ein und poliert die Oberfläche danach mit Wachs. Der Lampenfuß ist ein relativ unkompliziertes Projekt für Drechselanfänger, außerdem sind die Kosten gering und Sie brauchen kein großes Loch für das Kabel zu bohren. Natürlich kann man den Fuß auch streichen und lackieren. Wie bereits erwähnt, besteht dieser Lampenfuß aus vier Stücken, falls Ihnen jedoch jemand ein großes Stück trockenes Kiefernholz anbietet, sollten Sie das nicht ablehnen.

Benötigte Werkzeuge

Werkbank mit Schraubstock, Einsatzzirkel, Bleistift, Lineal, Schlichthobel, 4 kurze Zwingen, Tischbohrmaschine, 50-mm-Forstnerbohrer, Drechselbank mit Dreibackenfutter auf der man ein Werkstück mit einem Durchmesser von mehr als 250 mm bearbeiten kann, Drechselwerkzeuge (große Schruppröhre, Meißel und Rundschaber), kompletter Gesichtsschutz oder Staubmaske und Schutzbrille, Ohrenschützer, Schraubendreher

WEITERE NÜTZLICHE WERKZEUGE
Akkuschrauber, Schleifmaschine

Tischlampe mit gedrechseltem Fuß

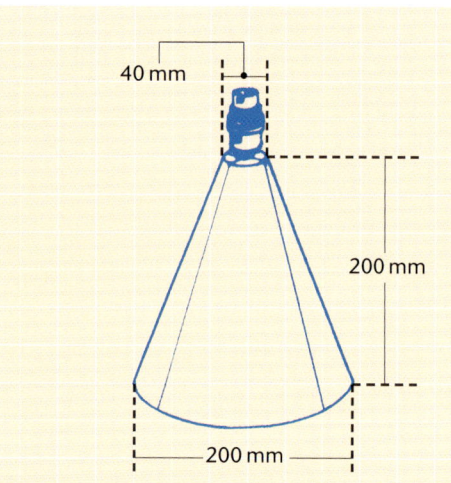

40 mm

200 mm

200 mm

Achten Sie darauf, dass die vier Holzstücke gut getrocknet sind, ansonsten kann es passieren, dass der gedrechselte Fuß mit der Zeit schrumpft und sich Risse bilden.

Materialliste

Kiefernholz (siehe Zuschnittliste)

PVA-Leim

Schleifpapier der Körnung 100 bis 150

Zwei schwarze Faserstifte

Bienenwachspolitur

Fusselfreies Baumwolltuch zum Auftragen des Bienenwachses

Lampenfassung mit Kabel, Stecker und passenden Schrauben

Lampenschirm

Zuschnittliste

4 Stück Kiefernholz 200 x 100 x 100 mm

TIPP

Achten Sie auf eng anliegende Kleidung, geschlossene Manschetten, tragen Sie keinen herabhängenden Schmuck und binden Sie sich gegebenenfalls die Haare zusammen. Tragen Sie immer eine Staubmaske und eine Schutzbrille, auch Ohrenschützer sind zu empfehlen. Kinder sollten sich nicht an der laufenden Drechselbank aufhalten.

Abb. 1

1 Nehmen Sie die vier Holzstücke und stellen Sie diese so zusammen, dass die besten Seiten nach außen zeigen. Hobeln Sie die in der Mitte liegenden Kanten, sowie die Kanten, die später die äußeren vier Ecken bilden, etwa 10 mm ab (Abb. 1).

Abb. 2

2 Spannen Sie jeweils zwei Blöcke zusammen und überprüfen Sie, ob die gegenüberliegenden Flächen genau aneinander liegen. Wenn nötig, richten Sie die Oberflächen mit dem Hobel ab. Wenn alle Flächen genau zusammenpassen, bestreichen Sie jeweils zwei gegenüberliegende Flächen mit Leim und spannen diese zwischen Zwingen (Abb. 2). Nachdem der Leim getrocknet ist, verleimen Sie beide Hälften zu einem quaderförmigen Block mit einem mittigen Loch.

Abb. 3

3 Schlagen Sie in jedes Ende des mittigen Loches ein Stück Abfallholz, dann bohren Sie mit dem 50-mm-Forstnerbohrer auf einer Seite ein 10 mm tiefes Loch. Montieren Sie den Rohling auf dem Dreibackenfutter und schieben Sie die Reitstockspitze in das gebohrte Loch (Abb. 3). Drehen Sie das Werkstück ein paar Mal per Hand um festzustellen, ob es richtig sitzt und nirgends anstößt.

Abb. 5

5 Setzen Sie nun wieder die Schruppröhre ein, um aus dem Zylinder eine grobe Kegelform zu drechseln, wobei sich der Boden auf der Seite des Dreibackenfutters befinden sollte. Wechseln Sie dann zu Rundschaber und Meißel um die Kegelflächen zu schlichten (Abb. 5).

Abb. 4

4 Stellen Sie die Werkzeugauflage ein und legen Sie Ihre Schutzausrüstung an. Dann bearbeiten Sie den Rohling mit einer großen Schruppröhre, bis ein Zylinder entsteht (Abb. 4). Glätten Sie die Oberfläche mit einem Meißel. Spannen Sie die Reitstockspitze noch einmal nach.

Abb. 6

6 Nehmen Sie den Filzstift und bewegen Sie ihn langsam entlang der Auflage bis der ganze Kegel schwarz bemalt ist (Abb. 6). Dann schleifen Sie den Kegel mit feinkörnigem Sandpapier, tragen Bienenwachs auf und polieren die Oberfläche bis sie glänzt. Montieren Sie nun die Fassung für die Glühbirne, schließen Sie das Kabel an und setzen Sie zum Schluss den Lampenschirm auf.

Badschränkchen

Zur Projektplanung setzen wir uns meist bei einer Tasse Tee zusammen, nehmen Bleistift und Papier zur Hand und überdenken die verschiedenen Möglichkeiten. In diesem Fall wollte ich ursprünglich nur einen Handtuchhalter bauen. Dann schlug Gill jedoch vor, darüber noch ein Ablagebrett vorzusehen. Aus dem einen Ablagebrett wurden zwei, dann kam die Idee mit den Türen mit dekorativen Beschlägen und kleinen Knäufen usw. Das Ergebnis unserer Besprechung war schließlich dieses kleine, zweitürige Badschränkchen mit Handtuchstange, einem geschnitzten Riegel und gefrästen Schmuckelementen.

Das Schränkchen besteht aus Kiefernholz, die Rückwand aus Sperrholz. Die beiden Böden, sowie die Handtuchstange stecken in den Seitenwänden. Die Oberfläche wurde lediglich geschliffen und mit Teaköl behandelt.

───── Benötigte Werkzeuge ─────

Werkbank mit Schraubstock und Schnellspanner,
Einsatzzirkel, Bleistift, Lineal, Winkel, Pauspapier,
Laubsäge, Fräse mit Frästisch, 4-mm- und
13-mm-Nutenfräser, Abrundfräser, 2 lange Zwingen,
Tischbohrmaschine, 15-mm-Forstnerbohrer,
elektrische Bohrmaschine, 6-mm-Spiralbohrer,
6-mm-Dübelmarker, Holzhammer, Taschenmesser,
Schraubendreher, Schleifblock, Pinsel

WEITERE NÜTZLICHE WERKZEUGE
Akkuschrauber, Schleifmaschine, Stechzirkel,
Anreißmesser

Badschränkchen

Arbeitstechniken
AUSSÄGEN
GESCHWEIFTER
FORMEN,
S. 18

FRÄSEN VON
KANTENPROFILEN,
S. 23

SCHNITZEN,
S. 25

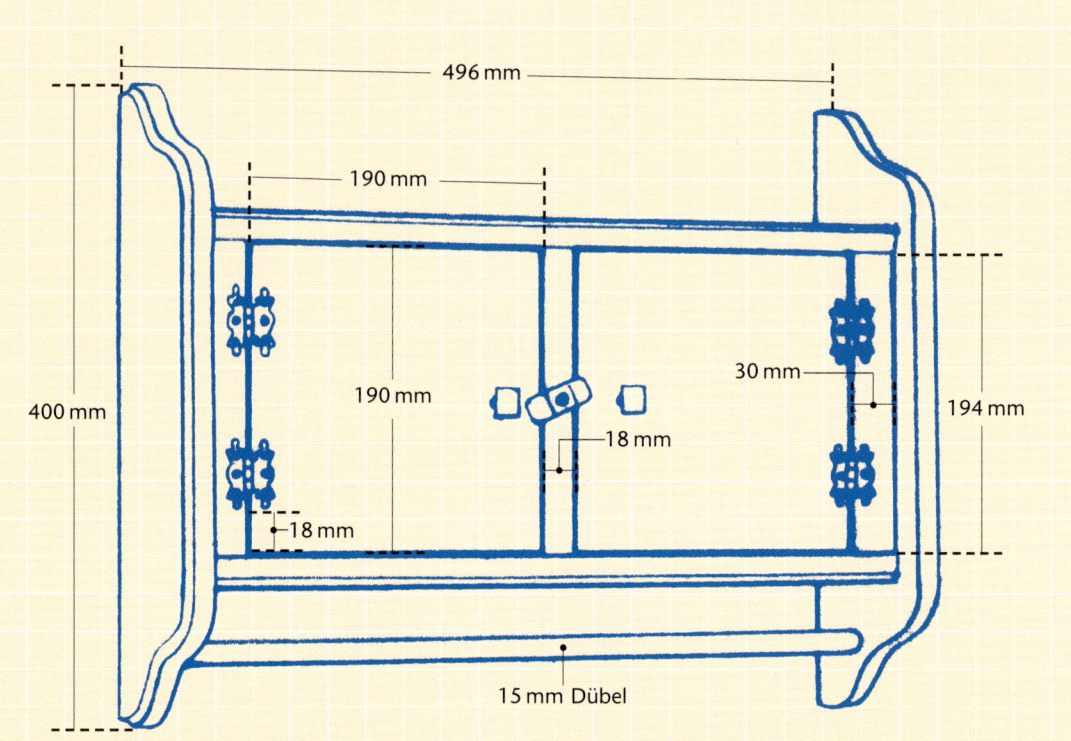

496 mm
190 mm
400 mm
190 mm
30 mm
194 mm
18 mm
18 mm
15 mm Dübel

Materialliste

Kiefernholz und Sperrholz
(siehe Zuschnittliste)

350 mm lange Führungsleiste aus Abfallholz

12 Dübel, 30 mm x Ø 6 mm

PVA-Leim

1 Rundkopf-Messingschraube: 30 mm x M4

Schleifpapier der Körnung 100 bis 150

4 dekorative Messingscharniere mit
passenden Messingschrauben

Teaköl

Zuschnittliste

2 Stück Kiefernholz 400 x 150 x 18 mm (Seitenteile)

2 Stück Kiefernholz 476 x 126 x 18 mm (Böden)

1 Stück Sperrholz 476 x 210 x 4 mm (Rückwand)

3 Stück Kiefernholz 194 x 30 x 18 mm (vertikale Streben)

Stange aus Kiefernholz 476 mm x Ø 15 mm
(Handtuchstange)

2 Stück Kiefernholz 190 x 190 x 18 mm (Türen)

*Die Türen sollten ausreichend Spiel haben,
damit sie auch dann nicht klemmen, wenn das
Holz feucht wird und sich etwas ausdehnt.
Das abgebildete Muster stellt eine Hälfte der
Seitenwände dar.*

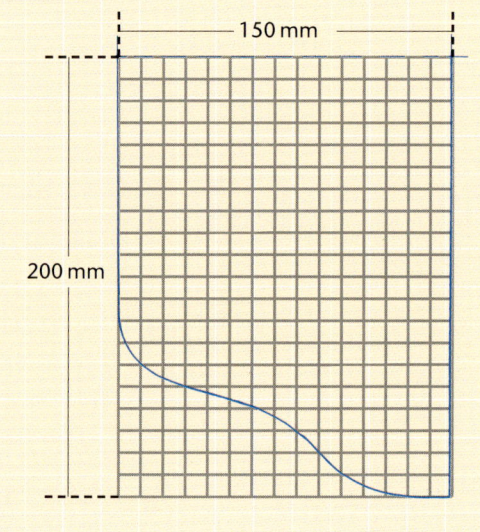

150 mm

200 mm

Abb. 1

1 Nehmen Sie die beiden Bretter für die Seitenwände und zeichnen Sie mit Hilfe von Bleistift, Winkel, Lineal und Pauspapier die auszusägende Form und die zu fräsenden Nuten auf (Abb. 1). Falls Sie noch Bretter vorrätig haben, deren Maße leicht von den hier angegebenen abweichen, können Sie natürlich auch diese verwenden. Wie Sie in Abb. 1 sehen, war das Brett, aus dem wir die eine Seitenwand gesägt haben, auch viel breiter, wies jedoch ein paar ungünstig gelegene Astknoten auf.

Abb. 2

2 Markieren Sie auf beiden Brettern die besten Seiten und sägen Sie dann mit der Laubsäge die angezeichnete Form aus (Abb. 2). Arbeiten Sie langsam und üben Sie nicht zu viel Druck aus. Wenn sich das Sägeblatt verbiegt oder Sie vom Riss abkommen, ziehen Sie das Brett etwas zurück und richten es neu aus. Falls Sie das Gefühl haben, dass es nicht mehr so richtig vorwärts geht, sollten Sie den Strom abschalten und das Sägeblatt überprüfen, denn möglicherweise muss es ausgewechselt oder neu gespannt werden. Es kann allerdings auch sein, dass das Holz feucht ist.

TIPP

Fräsen können bei unsachgemäßem Umgang schwere Verletzungen verursachen. Deshalb sollten Sie immer den Anweisungen des Herstellers folgen. Halten Sie mit Ihren Fingern stets einen ausreichenden Abstand zum Fräser. Tragen Sie einen kompletten Gesichtsschutz und Ohrenschützer bei der Arbeit. Nach Abschluss der Arbeiten reinigen Sie den Frästisch, legen die Fräser zurück in ihre Kiste und ziehen den Stecker aus der Steckdose.

Abb. 3

3 Setzen Sie nun den 13-mm-Nutfräser ein. Legen Sie eines der Seitenbretter mit der Innenseite nach oben auf die Werkbank und spannen Sie es fest. Spannen Sie die Anschlagleiste so über das Brett, dass der Fräser genau in der Mitte der angezeichneten Nut schneidet. Bewegen Sie die Fräse vorwärts und fräsen Sie in mehreren Arbeitsgängen die Nut bis zu einer Breite von 18 mm aus. Fräsen Sie alle vier Nuten zur Aufnahme der Schrankböden auf diese Weise. Anschließend spannen Sie jedes Seitenbrett auf den Bohrtisch und bohren mit dem 15-mm-Forstnerbohrer die Passlöcher für die Handtuchstange bis zu einer Tiefe von 8 mm aus.

Montieren Sie die Fräse nun am zugehörigen Tisch und setzen Sie den Abrundfräser ein. Schalten Sie den Strom ein, warten Sie bis der Fräser seine volle Drehzahl erreicht hat und fräsen Sie die Kantenprofile (Abb. 3). Falls Sie das noch nie vorher gemacht haben, sollten Sie unbedingt erst an einem Abfallstück üben.

Abb. 4

4 Spannen Sie den 4-mm-Nutfräser in die Fräse, stellen Sie den Anschlag auf 5 mm und fräsen Sie entlang der hinteren Kanten der Seitenwände, sowie entlang der hinteren innen liegenden Kanten des oberen und unteren Bodens eine Nut, in welche später die Rückwand gesteckt wird. Nehmen Sie den unteren und oberen Boden zur Hand, zeichnen Sie die Position für die zwei seitlichen vertikalen Leisten zur Aufhängung der Türen, sowie für die mittlere Leiste an und bohren Sie mit dem 6-mm-Spiralbohrer die Löcher für die Montagedübel. Anschließend spannen Sie den 13-mm-Nutfräser in die Fräse und fräsen an den Enden der beiden Böden und den beiden vorderen Kanten 12 mm breite und 3 mm tiefe Falze (Abb. 4).

Abb. 5

5 Mit Hilfe der Dübelmarker übertragen Sie nun die Position der Dübel von den Böden auf das Hirnholz der vertikalen Leisten. Die mittlere Leiste wird so gedreht, dass die Schmalseite nach vorn zeigt. Bohren Sie mit einem 6-mm-Spiralbohrer 25 mm tiefe Löcher (Abb. 5). Drücken Sie die Dübel hinein. Als provisorischen Tiefensteller können Sie in einer Höhe von 25 mm etwas Klebeband um den Spiralbohrer wickeln. Schleifen Sie die Bohrungen mit einem Stück Sandpapier, bis die Dübel gerade so hinein passen.

Abb. 6

6 Stecken Sie alle Teile versuchsweise zusammen. Wenn alles passt, geben Sie etwas Leim in die Nuten und Dübellöcher, stecken die Einzelteile zusammen und helfen gegebenenfalls mit dem Klüpfel etwas nach. Spannen Sie das Schränkchen in zwei entsprechend große Zwingen und warten Sie, bis der Leim getrocknet ist (Abb. 6).

Mit einem Taschenmesser schnitzen Sie nun den kleinen Riegel und schrauben ihn auf die mittlere vertikale Leiste. Die Schraube sollte nicht zu fest eingedreht werden. In Abb. 6 kann man auch einen Dübel erkennen, der durch die mittlere vertikale Leiste verläuft. Er übernimmt die Funktion eines Anschlags für die Türen.

Abb. 7

7 Entfernen Sie die Zwingen und schleifen Sie alle Oberflächen glatt. Achten Sie darauf, dass sich die Handtuchstange leicht drehen lässt und dass die Rückwand locker in den Nuten liegt. Nehmen Sie zwei Holzstücke, die beim Zusägen der Seitenwände übrig geblieben sind, und schnitzen Sie mit dem Taschenmesser kleine Knäufe daraus (Abb. 7). Sie können sich dabei an den hier vorgeschlagenen Formen orientieren oder Ihrer Fantasie freien Lauf lassen. Falls Sie noch nie etwas geschnitzt haben oder das Schnitzen Ihnen nicht so viel Spaß

macht, können Sie Griffe oder Knäufe natürlich auch auf dem Baumarkt kaufen. Bohren Sie die erforderlichen Löcher für die Knäufe und verleimen Sie diese zusätzlich.

Schleifen Sie die Kanten der Türen ab und befestigen Sie diese mit den Scharnieren an den vertikalen Leisten. Schleifen Sie alle Oberflächen glatt, besonders die vorderen Kanten der Seitenwände und alle Kanten der beiden Türen. Reinigen Sie die Werkbank von Staub und Spänen und behandeln Sie alle Oberflächen mit Teaköl. Zum Schluss schleifen Sie alle Oberflächen noch einmal mit Sandpapier feinster Körnung und tragen eine zweite Schicht Teaköl auf.

TIPP

Allen, die sich ihrer handwerklichen Fähigkeiten noch nicht ganz so sicher sind, sei geraten, alle schwierigeren Arbeiten an Abfallstücken zu üben. Viele Hobbytischler bauen oft zuerst ein Probestück, damit das „richtige" Stück dann umso schöner wird. Wir haben das auch getan und zwei Schränkchen gebaut – erst einen Prototyp und dann die endgültige Variante.

Konstruktionsvarianten

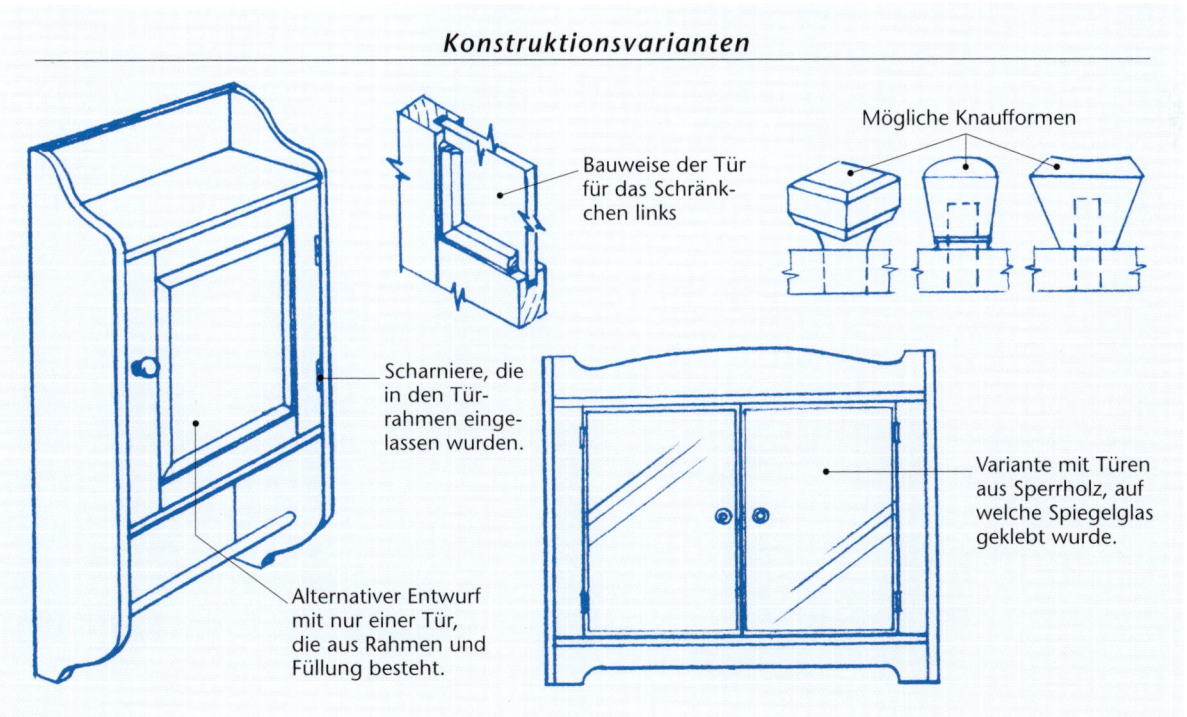

Mögliche Knaufformen

Bauweise der Tür für das Schränkchen links

Scharniere, die in den Türrahmen eingelassen wurden.

Alternativer Entwurf mit nur einer Tür, die aus Rahmen und Füllung besteht.

Variante mit Türen aus Sperrholz, auf welche Spiegelglas geklebt wurde.

Handtuchständer

Wir hatten uns vorgenommen einen von alten Bauernmöbeln inspirierten, jedoch modernen Handtuchständer zu entwerfen, der auch von einem Anfänger mit nur wenigen Werkzeugen gebaut werden konnte.

Wie Sie sehen, weist unser Entwurf viele traditionelle Elemente auf, die sich auch an einem alten Stück finden würden – die oben gerundeten und durchbohrten Seitenteile, die gebogenen Füße und die schmückende untere Querstrebe – alles das sind jedoch nicht mehr als stilisierte Interpretationen, die mit einem minimalen Werkzeugbestand realisiert werden können.

Der Handtuchständer besteht aus Kiefernholz, die Seitenteile sowie die untere Querstrebe wurden mit Hilfe der Laubsäge ausgesägt und die Querstrebe dann mit einer Ziehklinge bearbeitet. Alle Stangen und die Querstrebe sind mit Zapfenverbindungen in den Seitenteilen befestigt. Das Holz wurde natürlich belassen. Dieses übersichtliche Projekt ist genau das Richtige für Hobbytischler, die den Landhausstil mögen, jedoch keine komplizierten Drechselstücke anfertigen können, und es füllt ein langes Wochenende mit kreativer Holzarbeit aus.

Benötigte Werkzeuge

Werkbank mit Schraubstock und Schnellspanner, Einsatzzirkel, Bleistift, Lineal, Winkel, Tischbohrmaschine, 12-mm- und 55-mm-Forstnerbohrer, Laubsäge, 2 Zwingen mit großer Spannweite, 12 mm und 20 mm breite Stecheisen mit seitlichen Fasen, Fräse und Frästisch, 10-mm-Nutfräser, Ziehklinge, Schleifblock, Taschenmesser

WEITERE NÜTZLICHE WERKZEUGE
Akkuschrauber, Schleifmaschine, elektrische Bohrmaschine, Stechzirkel, Anreißmesser

Handtuchständer

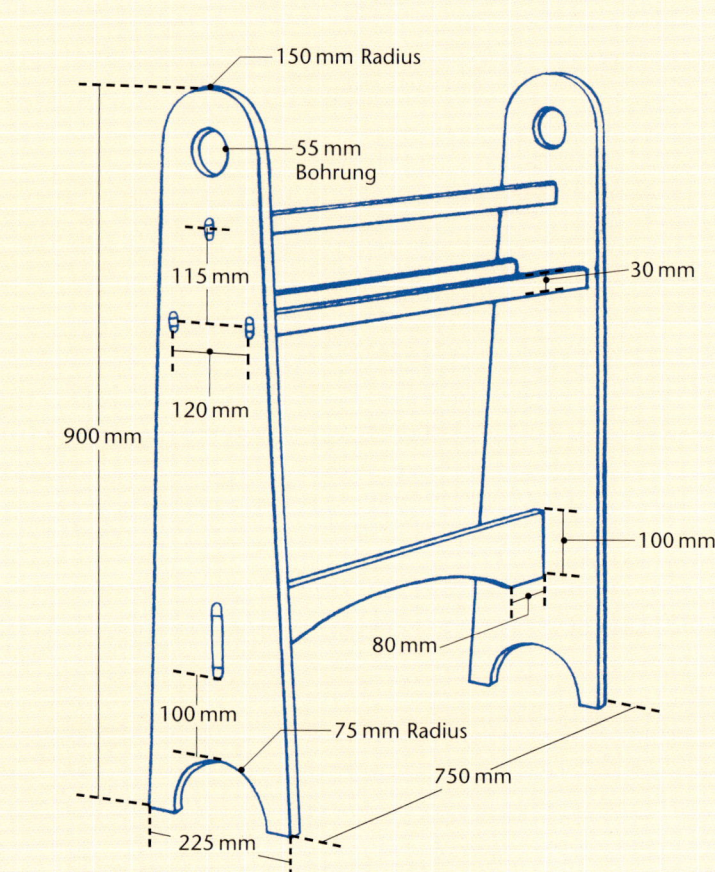

150 mm Radius
55 mm Bohrung
30 mm
115 mm
120 mm
900 mm
100 mm
80 mm
100 mm
75 mm Radius
750 mm
225 mm

Materialliste

Kiefernholz
(siehe Zuschnittliste)

Sandpapier der Körnung 100 und 120

PVA-Leim

Zuschnittliste

Alle Teile bestehen aus Kiefernholz.

2 Teile 900 x 225 x 18 mm
(Seitenteile)

3 Leisten 750 x 30 x 18 mm
(für die Handtücher)

1 Leiste 750 x 100 x 18 mm
(untere Querstrebe)

Dieser Handtuchhalter kann auch zum Ausstellen von Patchwork-Decken, schöner Bettwäsche oder Stickereien Verwendung finden.

Abb. 1

1 Ziehen Sie in der Mitte jedes Seitenbrettes eine Linie. Stellen Sie den Einsatzzirkel auf einen Radius von 75 mm und reißen Sie die Form der Ober- und Unterkante der Seitenteile an. Verbinden Sie die angerissenen Punkte (Abb. 1).

Abb. 2

2 Setzen Sie den 55-mm-Forstnerbohrer in die Tischbohrmaschine zum Bohren der Grifflöcher. Sägen Sie die Rundungen mit der Laubsäge aus. Beginnen Sie an den Brettenden, damit sich die Schnittfugen in der Brettmitte treffen (Abb. 2).

Abb. 3

3 Bohren Sie die beiden Enden der Zapfenlöcher mit einem 12-mm-Forstnerbohrer aus. Spannen Sie das Werkstück dann flach auf die Werkbank und stechen Sie mit dem 12 mm breiten Stecheisen die Zapfenlöcher sauber aus (Abb. 3). Arbeiten Sie von beiden Seiten, damit die Kanten nicht beschädigt werden.

Abb. 5

5 Sägen Sie die Form der unteren Querstrebe mit der Laubsäge aus und arbeiten Sie dann mit einem Ziehmesser die gewünschte Form heraus (Abb. 5). Mit dem Ziehmesser schrägen Sie nun auch die Kanten der Handtuchstangen ab. Beschleifen Sie alle Kanten und Oberflächen.

Abb. 4

4 Spannen Sie den 10-mm-Fräser in die Fräse und montieren Sie diese am zugehörigen Tisch. Ziehen Sie den Anschlag zurück, stellen Sie den Fräser auf eine Höhe von 3 mm und fräsen Sie Falze an beiden Seiten der Handtuchstangen. Dann verringern Sie die Höhe des Fräsers auf 1,5 mm und fräsen Falze an den Kanten der Ober- und Unterseite (Abb. 4).

Abb. 6

6 Mit Taschenmesser und Stecheisen runden Sie die Zapfen soweit ab, bis diese fest in den entsprechenden Zapfenlöchern sitzen (Abb. 6). Vor der endgültigen Montage sägen Sie zwei kleine Querkerben in das Hirnholz der Zapfen, wie auf dem Foto auf Seite 94 und der Arbeitszeichnung zu erkennen ist. Dann bestreichen Sie die Zapfen mit Holzleim und drücken sie fest in die Zapfenlöcher.

Saunabank

Diese funktionelle Bank im modernen Design kann an einem einzigen Tag gebaut werden und eignet sich für das Badezimmer oder die Sauna. Dampf und heißes Wasser können ihr nichts anhaben, denn bei der Montage wird kein Leim verwendet. Es sind keine Holzverbindungen auszusägen, man benötigt keine teuren Werkzeuge und auch die Materialkosten sind niedrig. Wir haben uns für Kiefernholz entschieden, statt teures Holz gefährdeter Arten, wie zum Beispiel Mahagoni, zu verwenden und die Bank so konstruiert, dass keine kostspieligen Messing- oder Edelstahlverbindungsstücke erforderlich sind.

Nachdem wir etliche Skizzen angefertigt und aus Pappe und Holzabfällen ein paar kleine Modelle gebaut hatten, kam uns die Idee für dieses zeitgenössische Design. Es ist wirklich sehr einfach und gleichzeitig zweckgerecht. Die Bank besteht aus Kiefernleisten, die durch vier Gewindestangen mit Muttern und Unterlegscheiben zusammengehalten werden. Wir haben verzinkte Gewindestangen verwendet um die Kosten niedrig zu halten, besser wären natürlich Gewindestangen aus Edelstahl. Die beiden Stege in der Sitzfläche sorgen dafür, dass sich die Leisten nicht verdrehen und dass die ganze Konstruktion rechtwinklig und stabil bleibt.

Benötigte Werkzeuge

Werkbank mit Schraubstock und Schnellspanner,
Bleistift, Lineal, Winkel, Tischbohrmaschine,
6-mm-Spiralbohrer, Hirnholzhobel, Schleifblock,
Zwingen, Schraubendreher, 2 Schraubenschlüssel zum
Anziehen der Muttern, Metall-Bügelsäge, Feile

WEITERE NÜTZLICHE WERKZEUGE
Akkuschrauber, Schleifmaschine

Saunabank

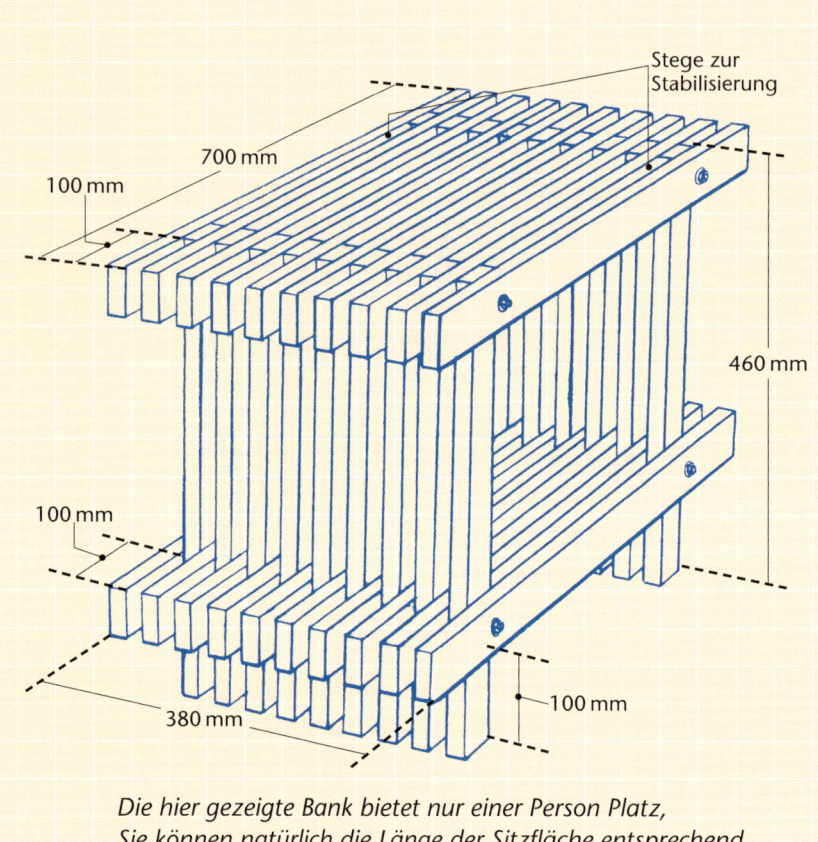

Stege zur Stabilisierung

700 mm

100 mm

460 mm

100 mm

380 mm

100 mm

Materialliste

Kiefernholz
(siehe Zuschnittliste)

Sandpapier der Körnung
100 und 120

4 Stahlschrauben mit
Senkköpfen, M4 x 30 mm

4 verzinkte Gewindestangen,
400 mm x Ø 6 mm mit
8 Muttern und 8 Unterleg-
scheiben

Zuschnittliste

Alle Teile bestehen
aus Kiefernholz.

20 Leisten 700 x 50 x 20 mm
(Sitz und untere Ablage)

18 Leisten 460 x 50 x 20 mm
(Beine)

2 Leisten 400 x 50 x 20 mm
(Stege zur Stabilisierung)

*Die hier gezeigte Bank bietet nur einer Person Platz,
Sie können natürlich die Länge der Sitzfläche entsprechend
Ihren Vorstellungen vergrößern, damit die Bank lang genug
für zwei ist oder auch um sich darauf auszustrecken.*

Abb. 1

TIPP

**Die Schablone sorgt dafür, dass alle
Löcher präzise gebohrt werden. Bohren
Sie die Löcher nicht in einem einzigen
Arbeitsgang, sondern ziehen Sie den
Bohrer mehrmals zwischendurch he-
raus, so dass die Bohrspäne entfernt
werden und der Bohrer nicht heiß läuft.**

1 Markieren Sie die Position der Löcher für die
Gewindestäbe (siehe Zeichnung) und bauen
Sie aus Abfallstücken eine Schablone. Spannen
Sie die Schablone mit Hilfe von Zwingen auf den
Bohrtisch, setzen Sie den 6-mm-Spiralbohrer ein
und bohren Sie die Löcher in den Leisten (Abb. 1).

Abb. 2

2 Mit dem Hirnholzhobel brechen Sie alle scharfen Kanten der 40 Leisten und schleifen diese anschließend mit Sandpapier mittlerer Körnung ab (Abb. 2).

Abb. 3

3 Schrauben Sie den ersten Steg an und schieben Sie nacheinander alle Leisten auf die Gewindestäbe (Abb. 3). Achten Sie dabei darauf, das Gewinde nicht zu beschädigen oder das Holz zu spalten.

Abb. 4

4 Schieben Sie die Leisten vorsichtig auf die Gewindestäbe und achten Sie darauf, dass die besten Seiten stets nach oben zeigen (Abb. 4).

Abb. 5

5 Nachdem Sie den zweiten Steg aufgeschraubt und die letzten beiden Leisten aufgesteckt haben, prüfen Sie mit einem Winkel, ob die ganze Konstruktion rechtwinklig ist. Zum Abschluss schieben Sie die Unterlegscheiben und Muttern auf die Gewindestäbe und ziehen diese mit Hilfe der beiden Schraubenschlüssel fest (Abb. 5). Sägen Sie die überstehenden Gewinde ab und feilen Sie die Enden glatt.

Konstruktionsvarianten

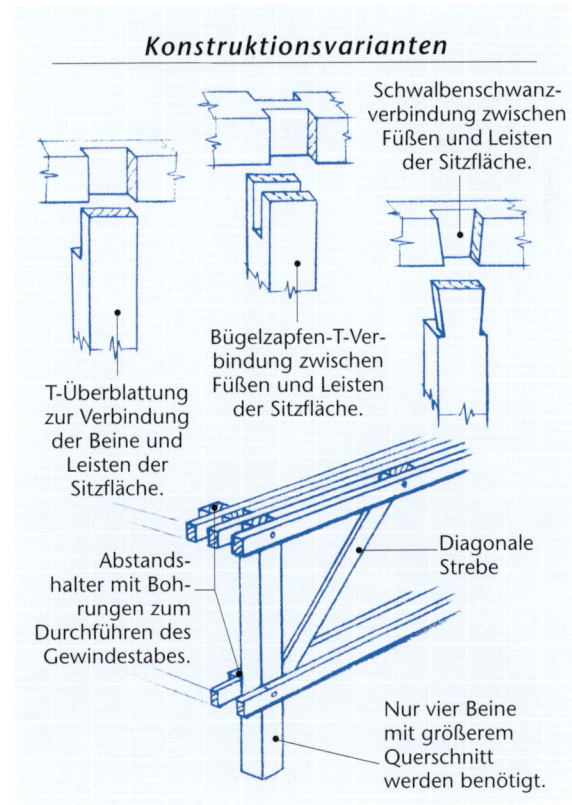

Schwalbenschwanzverbindung zwischen Füßen und Leisten der Sitzfläche.

T-Überblattung zur Verbindung der Beine und Leisten der Sitzfläche.

Bügelzapfen-T-Verbindung zwischen Füßen und Leisten der Sitzfläche.

Abstandshalter mit Bohrungen zum Durchführen des Gewindestabes.

Diagonale Strebe

Nur vier Beine mit größerem Querschnitt werden benötigt.

Gartenkorb

Dieser schöne Gartenkorb wird Sie sicher an Bilder von Bauerngärten erinnern, denn auf vielen alten Gemälden sind Frauen dargestellt, die mit Sonnenschirm und Korb durch einen schönen Garten wandeln. Ein Korb ist das ideale Behältnis zur Ernte von Obst und Gemüse oder für kleine Werkzeuge. Sie können ihn auch zum Unkraut jäten oder beim Schneiden von Blumen verwenden. Holzkörbe wie dieser sind stets auch dekorative Stücke im Haus – in der Küche als Behältnis für Besteck oder Brot oder auch gefüllt mit frischem Obst.

Der Korb besteht ganz aus Kiefernholz. Die beiden Seitenbretter werden mit der Laubsäge ausgeschnitten, die Bodenlatten sind aufgenagelt und der Griff steckt in den beiden Halterungen. Der geschnitzten Griff mit der gekerbten Oberfläche macht den Korb besonders dekorativ. Das Holz wurde mit Acrylfarbe lasiert und dann mit Teaköl behandelt.

Benötigte Werkzeuge

Werkbank mit Schraubstock und Schnellspanner, Bleistift, Lineal, Einsatzzirkel, Winkel, Schmiege, Zwinge, Laubsäge, Tischbohrmaschine, 15-mm-Forstnerbohrer, Stichsäge, kleiner Hammer, Schraubendreher, Messer, Hirnholzhobel, Schleifblock, 2 Pinsel

WEITERE NÜTZLICHE WERKZEUGE
Akkuschrauber, Schleifmaschine, elektrische Bohrmaschine, Anreißmesser, Bandsäge

Gartenkorb

440 mm

15 mm
Bohrung

200 mm

10 mm

160 mm

250 mm

100 mm

60 mm

200 mm

Um einen Korb mit mehr Fassungsvermögen zu bauen, sollten Sie nur die Länge und Tiefe, jedoch nicht die Breite vergrößern, denn das würde ihn eher unproportioniert aussehen lassen. Rechts finden Sie die Schablone für die Griffhalterungen.

Materialliste

Kiefernholz (siehe Zuschnittliste)

36 Stahlstifte, 20 mm

10 Edelstahlschrauben mit
Senkkopf, M4 x 30 mm

Sandpapier der Körnung
80 und 100

Acrylfarbe

Teaköl

Zuschnittliste

Alle Teile bestehen aus Kiefernholz.

2 Teile 440 x 100 x 18 mm
(Seitenwände)

9 Teile 250 x 45 x 12 mm
(Bodenlatten)

2 Teile 200 x 60 x 18 mm
(Griffhalterungen)

1 Teil 300 x 40 x 40 mm
(Tragegriff)

Abb. 1

1 Nehmen Sie die beiden Bretter für die Seitenwände, reißen Sie mit Hilfe von Schmiege, Lineal und Winkel die auszusägende Form an und markieren Sie die Position der Bodenlatten (Abb. 1). Spannen Sie das Werkstück fest auf die Werkbank.

Abb. 2

2 Das schraffierte Abfallstück ragt über die Bankkante, sägen Sie mit einer Stichsäge die Form der Seitenwände aus, wobei Sie mit dem Sägeblatt stets auf der Verschnittseite des Risses bleiben sollten (Abb. 2). Beginnen Sie immer an der unteren Seite und sägen Sie in Richtung der oberen Ecke.

Abb. 3

3 Spannen Sie die 60 mm breiten Bretter nebeneinander in eine Zwinge und reißen Sie mit Einsatzzirkel, Winkel und Lineal die Form (siehe Arbeitszeichnung) einschließlich der Mittellinie und der Position der Bohrungen für den Tragegriff an (Abb. 3).

Abb. 4

4 Bohren Sie mit dem 15-mm-Forstnerbohrer die Löcher für den Tragegriff. Mit der Laubsäge schneiden Sie dann die Form aus, wobei Sie mit dem Sägeblatt immer auf der Verschnittseite der angerissenen Linie bleiben sollten (Abb. 4).

Abb. 5

5 Stellen Sie beide Seitenwände mit der Unterseite nach oben parallel nebeneinander und legen Sie die Bodenlatten darüber. Prüfen Sie mit dem Winkel die Ausrichtung und nageln Sie die Latten jeweils mit zwei Nägeln auf jeder Seite fest (Abb. 5).

Abb. 6

TIPP

Beim Schnitzen des Tragegriffes sollten Sie wie in Abb. 6 gezeigt die Messerklinge mit dem Daumen nach vorn schieben. Drehen Sie den Tragegriff dabei immer ein Stück weiter, so dass ringsherum gleich viel Holz abgenommen wird. Verwenden Sie möglichst verschieden große Messer um eine ungleichmäßig gekerbte Oberfläche zu erhalten.

6 Schrauben Sie eine Seite der Griffhalterung an. Schnitzen Sie aus der für den Griff vorgesehenen Leiste einen Zylinder, der sich zu beiden Enden hin verjüngt. Beginnen Sie in der Mitte und arbeiten Sie jeweils in Richtung der Enden (Abb. 6). Stecken Sie den Griff zwischen beide Halterungen und schrauben Sie nun auch die zweite an der gegenüberliegenden Seitenwand fest. Zum Schluss glätten Sie alle Hirnholzflächen und schleifen den Korb ab. Verdünnen Sie die Acrylfarbe mit Wasser um eine Lasur herzustellen und tragen Sie diese mit einem Pinsel dünn auf. Nachdem die Farbe getrocknet ist, bestreichen Sie alle Oberflächen zweimal mit Teaköl.

Puppenhaus

Die meisten Kinder lieben Puppenhäuser, doch für viele Eltern sind sie eher ein Ärgernis, denn Puppenhäuser sind oft groß und sperrig und es ist schwierig einen geeigneten Platz zur Aufbewahrung zu finden. Deshalb haben wir ein Puppenhaus entworfen, das man auseinander nehmen und in einer flachen Kiste verstauen kann. Haben die Kleinen genug gespielt, wird das Haus einfach in seine Teile zerlegt und unter das Bett geschoben. Das Design ist so einfach, dass die Kinder das Haus allein zusammenbauen und wieder auseinander nehmen können. Unser Puppenhaus soll außerdem die Fantasie anregen, je nach Spielsituation kann es ein Stadthaus, ein Landhaus, eine Garage oder auch eine Schule darstellen.

Das Haus besteht aus 6 mm starkem Birkensperrholz. Die Wände und Böden sind mit Schlitzen versehen, so dass sie auf einfache Weise zusammengesteckt werden können. Mit der Laubsäge lassen sich alle Formen leicht aussägen. Die meisten Ecken sind abgerundet und das Haus wurde mit einer ungiftigen Acrylfarbe gestrichen, die selbst dann keine Gefahr für die Gesundheit darstellt, wenn die Kinder Teile des Puppenhauses in den Mund stecken sollten. Lassen Sie sich bezüglich der Farbe am besten in einem Laden für Naturfarben beraten.

Benötigte Werkzeuge

Werkbank mit Schraubstock und Schnellspanner,
Einsatzzirkel, Bleistift, Lineal, Winkel, Schmiege,
Laubsäge, elektrische Bohrmaschine, Spiralbohrer
(5 mm und 8 mm), Schleifblock, 2 Pinsel

WEITERE NÜTZLICHE WERKZEUGE
Schleifmaschine

Puppenhaus

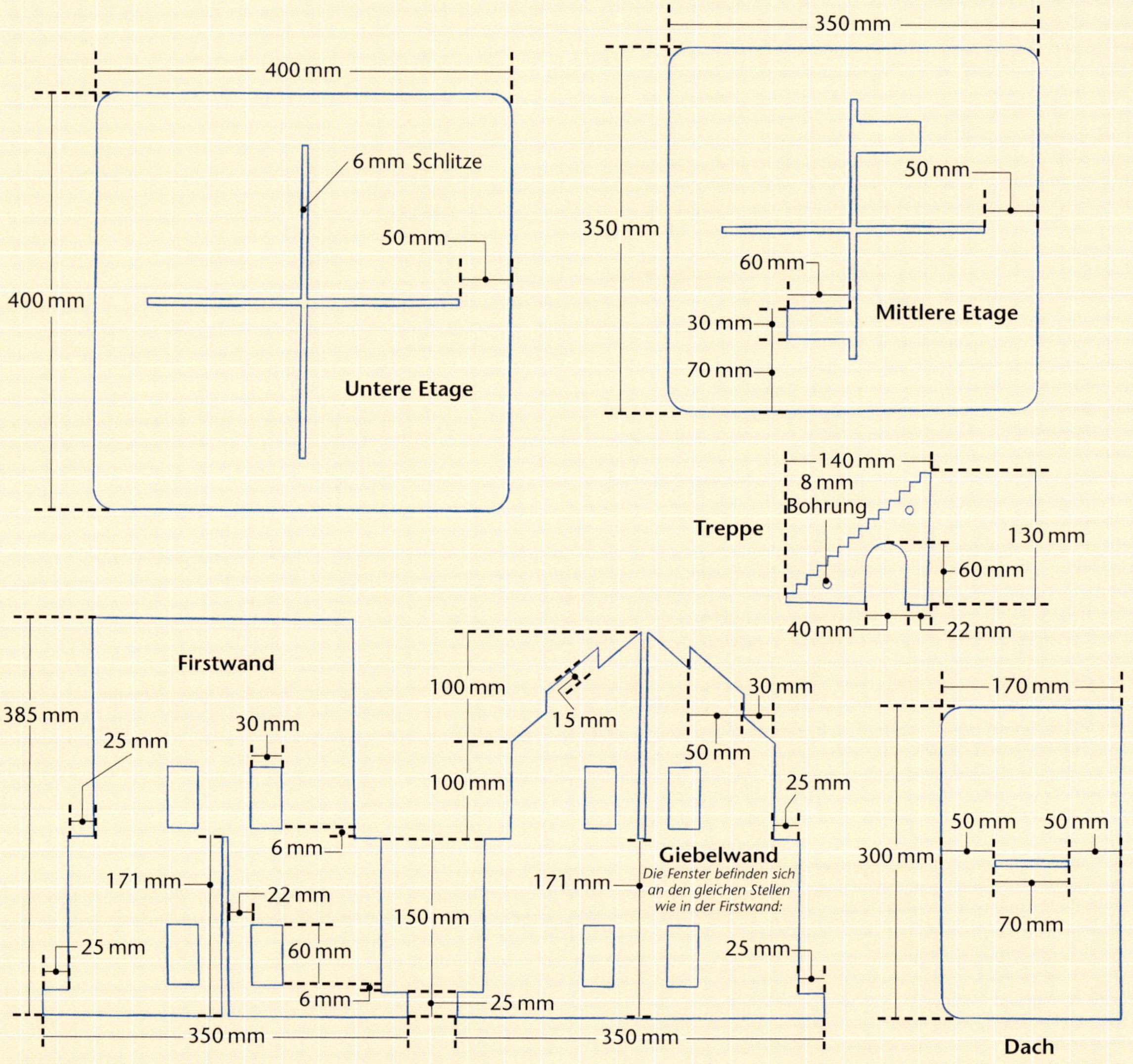

Arbeitstechniken

AUSSÄGEN
GESCHWEIFTER
FORMEN,
S. 18

SCHLEIFEN,
S. 26

ANSTRICHE,
S. 27

400 mm

6 mm Schlitze

50 mm

400 mm

Untere Etage

350 mm

50 mm

350 mm

60 mm

30 mm

70 mm

Mittlere Etage

140 mm

8 mm Bohrung

130 mm

60 mm

Treppe

40 mm   22 mm

Firstwand

385 mm

25 mm

30 mm

6 mm

171 mm

22 mm

25 mm

60 mm

6 mm

150 mm

350 mm

100 mm

15 mm

100 mm

30 mm

50 mm

25 mm

Giebelwand
*Die Fenster befinden sich
an den gleichen Stellen
wie in der Firstwand:*

171 mm

25 mm

25 mm

350 mm

170 mm

300 mm

50 mm   50 mm

70 mm

Dach

Mit diesem Puppenhaus können auch sehr kleine
Kinder spielen, es hat keine schmalen Öffnungen
oder Aussparungen, in denen sich ihre Finger
verfangen könnten.

Zuschnittliste

1 Stück Birkensperrholz 400 x 400 x 6 mm
(Erdgeschoss)

1 Stück Birkensperrholz 350 x 350 x 6 mm
(Obergeschoss)

2 Stücke Birkensperrholz 300 x 170 x 6 mm
(Dachschrägen)

1 Stück Birkensperrholz 400 x 350 x 6 mm (Firstwand)

1 Stück Birkensperrholz 400 x 350 x 6 mm
(Giebelwand)

4 Stücke Birkensperrholz 140 x 130 x 6 mm (Treppe)

2 x 40 mm Kieferndübel, Ø 8 mm

Materialliste

Birkensperrholz und Kiefer (siehe Zuschnittliste)

Sandpapier der Körnung 100 und 150

Acrylfarbe: rot, gelb, rosa, blau und grün

Acrylmattlack

Abb. 1

1 Schauen Sie sich auf den Arbeitszeichnungen genau an, wie alles zusammengehört und zusammengesteckt wird. Dann zeichnen Sie auf jedem Stück Sperrholz die entsprechenden Umrisse, die Linien für die Schlitze, Fenster usw. auf (Abb. 1). Schraffieren Sie alle Abfallstücke.

Abb. 3

3 Zum Aussägen aller Fenster und der Schlitze in den Dachschrägen bohren Sie zuerst Führungslöcher mit einem Durchmesser von 5 mm. Spannen Sie das Sägeblatt aus, stecken Sie es durch das Führungsloch, spannen Sie es wieder ein und sägen Sie dann das jeweilige Detail aus (Abb. 3). Achten Sie darauf, das Blatt beim Sägen nicht zu verdrehen.

Abb. 2

2 Spannen Sie ein neues, dünnes Sägeblatt in die Laubsäge und beginnen Sie mit dem Aussägen der Teile (Abb. 2). Achten Sie vor allem beim Aussägen der Schlitze darauf, dass das Sägeblatt immer auf der Verschnittseite des Risses bleibt, so dass alle Schlitze genau 6 mm breit werden (höchstens jedoch 0,5 mm breiter, also 6,5 mm).

Abb. 4

4 Bauen Sie das Haus versuchsweise zusammen (Abb. 4). Wenn die Schlitze zu schmal geraten sind, nehmen Sie ein Blatt Sandpapier feiner Körnung, wickeln es um ein Stück Sperrholz und schleifen damit den Rand der Schlitze ab.

Abb. 5

5 Schieben Sie die Grundplatte über die Wände und prüfen Sie, ob diese flach auf den Ecken der vier Wände aufliegt. Stecken Sie nun das Obergeschoss auf, so dass es auf den vier oberen Auflagen ruht (Abb. 5). Gegebenenfalls müssen Sie die Schlitze noch einmal nachschleifen. Zum Abschleifen legen Sie das Werkstück möglichst flach auf die Werkbank und zwar so, dass die abzuschleifende Kante nur ganz wenig über die Kante der Arbeitsplatte steht.

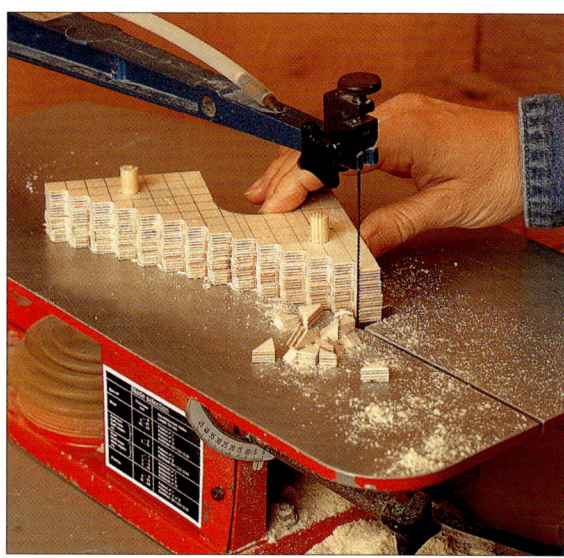

Abb. 6

6 Nehmen Sie eines der vier Sperrholzstücke und zeichnen Sie ein Gitter mit einem Linienabstand von 10 mm auf und reißen Sie dann die Form der Treppe, des Bogens und die Position der Dübellöcher an. Legen Sie die vier Teile übereinander und bohren Sie mit einem 8-mm-Spiralbohrer die beiden Löcher für die Dübel. Stecken Sie die Dübel durch alle vier Teile und sägen Sie mit Hilfe der Laubsäge die Form der Treppe aus (Abb. 6).

Abb. 7

7 Mit Schleifblock und Sandpapier schleifen Sie nun alle Kanten glatt und runden die Ecken leicht ab (Abb. 7). Lassen Sie dann mit geschlossenen Augen Ihre Fingerspitzen noch einmal über sämtliche Kanten gleiten, um noch nicht beschliffene Abschnitte oder Grate zu finden.

TIPP

Unter all den Projekten in diesem Buch ist dieses das Einzige, bei welchem Sie keine Kosten sparen können, denn Kinderspielzeug muss in erster Linie sicher sein. Deshalb sollten Sie Birkensperrholz bester Qualität verwenden, denn es ist solide und splittert nicht. Außerdem ist es wichtig, dass Sie mit Farben und Lacken arbeiten, die eindeutig als ungefährlich für Kinder gekennzeichnet sind, keinesfalls mit Haushaltfarben oder Autofarben, denn diese können giftige Substanzen enthalten.

Abb. 8

Abb. 9

8 Mischen Sie die Farbe mit etwas Wasser und tragen Sie mit dem Pinsel eine dünne Schicht auf (Abb. 8). Lassen Sie die Farbe trocknen. Um eine dunklere Schattierung zu erreichen, tragen Sie einfach weitere Schichten auf, bis die Farbtiefe Ihren Vorstellungen entspricht. Eine Farbschicht muss immer erst vollständig getrocknet sein, bevor Sie die nächste auftragen.

9 Wenn alle Teile gestrichen und getrocknet sind und das kann insgesamt durchaus zwei Tage in Anspruch nehmen, sollten Sie alle Oberflächen noch einmal mit Sandpapier feiner Körnung abschleifen und danach den Lack auftragen. Wiederholen Sie diese Arbeitsschritte mehrere Male, bis sich die Oberflächen ganz glatt anfühlen (Abb. 9).

Konstruktionsvarianten

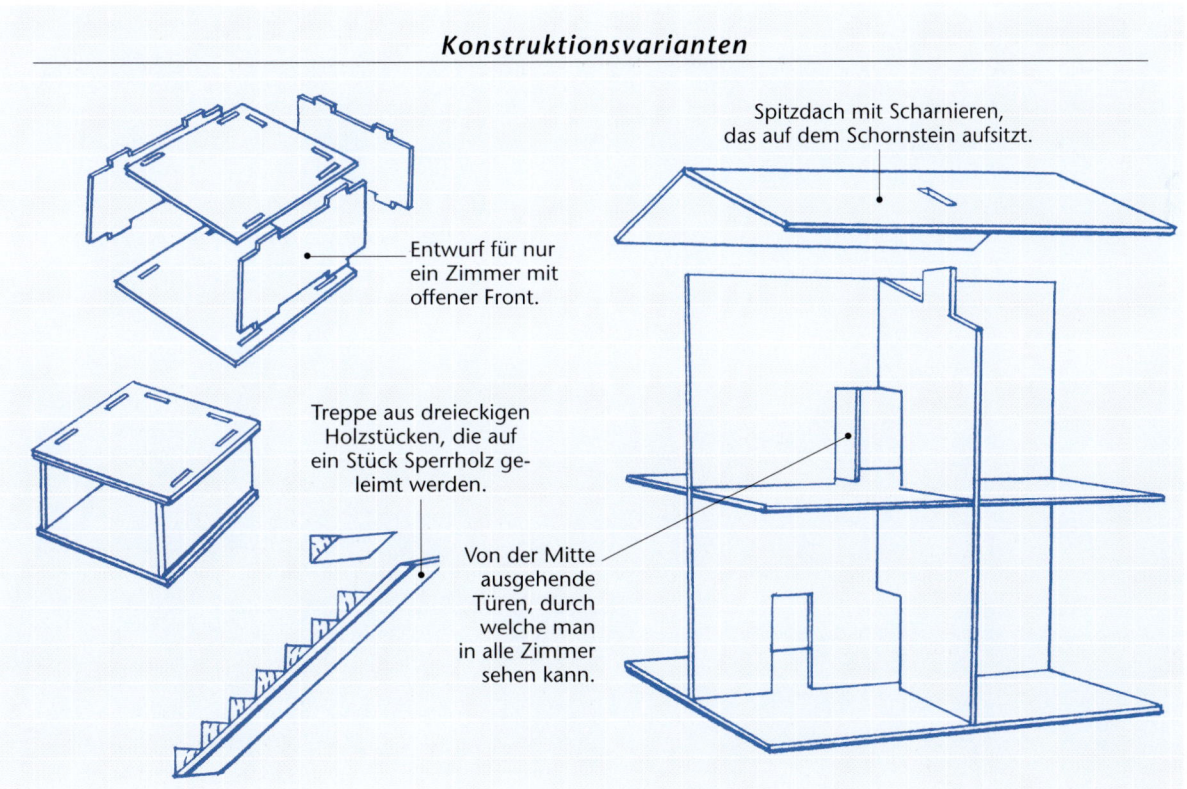

Entwurf für nur ein Zimmer mit offener Front.

Treppe aus dreieckigen Holzstücken, die auf ein Stück Sperrholz geleimt werden.

Von der Mitte ausgehende Türen, durch welche man in alle Zimmer sehen kann.

Spitzdach mit Scharnieren, das auf dem Schornstein aufsitzt.

Spielzeugtruhe

Als unsere beiden Söhne fünf Jahre alt waren, bauten wir ihnen eine traditionelle Spielzeugtruhe. Das war nur eine blau gestrichene Kiste mit dicken Seilstücken als Tragegriffen und einer alten Landkarte, die wir innen auf den Deckel geklebt hatten, aber unsere Söhne fanden sie wunderbar. Die Kiste war ihre Schatztruhe und diente noch vielen anderen Zwecken. Später wurde sie zum Verstauen von Kleidung benutzt.

Die Spielzeugtruhe besteht ganz aus Kiefernholz. Die vordere Wand und die Rückwand sind mit den Seitenwänden sowie mit dem Boden verschraubt. Als Griffe dienen dicke Seilstücke, die durch vorgebohrte Holzstücke gesteckt und dann verknotet werden. Der Deckel liegt einfach auf Vorder- und Rückwand auf und ist an dieser mit Scharnieren befestigt. Bei der Bemalung ließen wir uns von der naiven Malerei auf alten amerikanischen Truhen inspirieren. Die Streifen wurde mit Hilfe von Abdeckband aufgemalt, die Sterne aufgestempelt, wobei die Form des Stempels aus einem kleinen Stück Sperrholz ausgeschnitten wurde.

Benötigte Werkzeuge

Werkbank mit Schnellspanner, Einsatzzirkel, Bleistift, Lineal, Winkel, Laubsäge, elektrische Bohrmaschine, 6-mm-Bohrsenker mit passendem Dübelschneider, Akkuschrauber, Hirnholzhobel, Zwingen, Tischbohrmaschine, Spiralbohrer 10 mm und 5 mm, Versenker, Schleifblock, Schere, 20 mm breites Stecheisen, Pinsel, Schraubendreher

WEITERE NÜTZLICHE WERKZEUGE
Schleifmaschine

Spielzeugtruhe

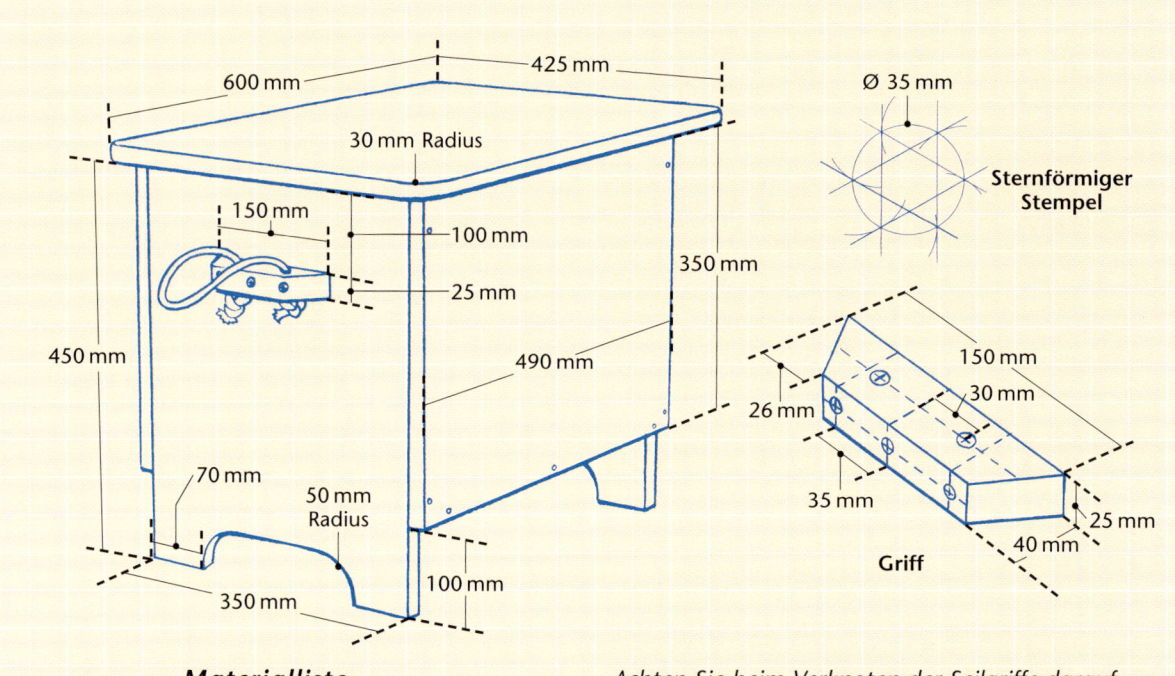

Materialliste

Kiefernholz (siehe Zuschnittliste)

30 Stahlschrauben mit Senkkopf, M4 x 30 mm

PVA-Leim

Schleifpapier der Körnung 100 und 150

6 Stahlschrauben mit Senkkopf, M4 x 35 mm

Abdeckband und Schere

2 300 mm lange Stücke eines weichen Hanfseiles

Acrylfarbe: rot, weiß und blau

2 Stahlscharniere: 50 x 18 mm
mit passenden Schrauben

Danish Oil

Achten Sie beim Verknoten der Seilgriffe darauf, dass die entstehenden Schlingen viel kleiner sind als der Kopf Ihres Kindes, sie könnten sonst ein Sicherheitsrisiko darstellen.

Zuschnittliste

Alle Teile bestehen aus Kiefernholz.

2 Teile 490 x 350 x 18 mm (vordere und hintere Wand)

2 Teile 450 x 350 x 18 mm (Seitenwände)

1 Teil 454 x 350 x 18 mm (Boden)

1 Teil 600 x 425 x 18 mm (Deckel)

2 Teile 150 x 40 x 25 mm (Griffstücke)

Abb. 1

1 Mit Lineal, Winkel und Einsatzzirkel zeichnen Sie die Form aller Teile auf die vorbereiteten Bretter. Achten Sie dabei darauf, dass keines der Bretter Risse aufweist. Die abgerundeten Ecken des Deckels haben einen Radius von 30 mm und die Rundungen der Füße der beiden Seitenteile einen Radius von 50 mm (Abb. 1). Überprüfen Sie die Abmessungen noch einmal und schraffieren Sie die Abfallstücke. Zeichnen Sie auch die Form der Griffstücke und die Position der Bohrungen auf.

Abb. 2

2 Sägen Sie mit der Laubsäge alle Formen aus und bleiben Sie dabei immer auf der Verschnittseite des Risses (Abb. 2). Bauen Sie die Truhe probeweise zusammen. Achten Sie besonders darauf, dass der Boden der Truhe genau passt.

Abb. 4

4 Bearbeiten Sie die Kanten des Bodens so lange, bis er genau zwischen die Wände der Truhe passt und schrauben Sie ihn ebenfalls mit den 30 mm langen Schrauben fest wie in Abb. 4 gezeigt. Stellen Sie die Truhe auf die Füße und überprüfen Sie den Stand. Wenn Sie noch kippelt, müssen Sie die Füße mit einem Hirnholzhobel bearbeiten.

Abb. 3

3 Bohren Sie mit dem 6-mm-Bohrsenker Führungslöcher durch das vordere und hintere Brett und schrauben Sie diese dann auf die Seitenwände, wozu Sie die 30 mm langen Schrauben verwenden. Alle oberen Kanten sollten auf gleicher Höhe sein. Überprüfen Sie, ob die Truhe genau im rechten Winkel ist. Schneiden Sie mit dem Dübelschneider Dübel aus, die Sie über den Schraubenköpfen verleimen.

Abb. 5

5 Sägen Sie die Griffstücke mit der Laubsäge aus und bohren Sie mit dem 10-mm-Bohrer die Löcher für das Seil sowie mit dem 5-mm-Bohrer die Führungslöcher für die Schrauben (Abb. 5). Erweitern Sie die Schraubenlöcher mit dem Versenker bis auf die Größe der Schraubenköpfe und schleifen Sie alle Oberflächen glatt.

Abb. 6

6 Ziehen Sie 100 mm von der oberen Kante der Truhe entfernt eine waagerechte Linie und schrauben Sie die Griffstücke genau in der Mitte an. Verwenden Sie dazu die 35-mm-Schrauben (Abb. 6). Nehmen Sie ein Stück Seil, stecken Sie es durch die gebohrten Löcher und verknoten Sie die Enden.

Abb. 7

7 Nun zeichnen Sie die Form für den Sternstempel auf ein Stück Sperrholz. Stellen Sie dazu den Einsatzzirkel auf einen Radius von 35 mm und ziehen Sie einen Kreis. Stechen Sie dann an einer Stelle der Kreislinie ein und markieren Sie die Schnittpunkte mit der Kreislinie, dann stechen Sie auf dem folgenden Schnittpunkt ein usw.

Abb. 8

8 Mit Bleistift und Lineal verbinden Sie anschließend jeden zweiten Schnittpunkt, so dass Sie einen sechszackigen Stern erhalten. Legen Sie die Truhe auf den Rücken. Ziehen Sie mit Bleistift und Lineal einen Rahmen im Abstand von 40 mm von allen Kanten. Teilen Sie die Fläche innerhalb des Rahmens in vier gleich große horizontale Streifen. Kleben Sie den Rahmen, sowie den zweiten und vierten Streifen ab. Achten Sie dabei darauf, dass das Abdeckband überall glatt anliegt. Streichen Sie den ersten und dritten Streifen mit roter Acrylfarbe und lassen Sie diese trocknen (Abb. 7), (Abb. 8).

Abb. 9

9 Wenn die rote Farbe vollständig getrocknet ist, ziehen Sie vorsichtig die horizontalen Papierstreifen ab (Abb. 9). Kleben Sie nun die roten Streifen sorgfältig ab.

Abb. 11

Abb. 10

11 Sägen Sie den Stern mit der Laubsäge aus, schleifen Sie alle Kanten ab und drehen Sie in der Mitte eine 30 mm lange Schraube ein, die Ihnen als Griff dient. Geben Sie einen großen Klecks weiße Farbe auf ein Stück Pappe, drücken Sie den Stern in die Farbe und beginnen Sie mit dem Stempeln (Abb. 11). Drücken Sie dabei den Stempel kurz und kräftig auf und achten Sie darauf, ihn nicht zu verdrehen, um die Kanten nicht zu verschmieren.

10 Streichen Sie den zweiten und vierten Streifen mit blauer Farbe (Abb. 10). Lassen Sie die Farbe vollständig trocknen und entfernen Sie dann vorsichtig das Abdeckband. Wenn Sie sorgfältig gearbeitet haben, sehen Sie nun vier Streifen mit glatten, sauberen Kanten.

Abb. 12

TIPP

Falls Ihnen das Sternenmuster nicht so zusagt, können Sie entweder eine andere Form ausschneiden oder andere Objekte als Stempel verwenden, wie zum Beispiel Korken oder Blätter. Verwenden Sie die Farbe so, wie sie aus der Dose oder Tube kommt, dann hat sie normalerweise eine relativ dicke Konsistenz und verläuft nicht.

---

12 Nachdem die Farbe getrocknet ist, stechen Sie mit dem Stecheisen die Vertiefungen aus, in die Sie dann die Scharniere einlassen (Abb. 12). Schleifen Sie alle Oberflächen noch einmal mit feinkörnigem Sandpapier ab und tragen Sie Danish Oil auf.

Küchenwagen

Sie haben noch kein Geburtstagsgeschenk für Ihre Frau? Dann bauen Sie ihr doch den Küchenwagen, den sie sich schon immer gewünscht hat! Dieser moderne Klassiker besteht aus kühlem, hellen Ahornholz, der Korb wurde aus Weidenruten geflochten und der Wagen steht auf leicht laufenden Möbelrollen. Ein wirklich funktionelles Designerstück – perfekt für den modernen Haushalt.

Bevor Sie mit dem Bau beginnen, sollten Sie die Arbeitszeichnungen sorgfältig studieren und gegebenenfalls die Maße Ihren Bedürfnissen anpassen, sowie einen Weidenkorb, die Möbelrollen und die Handtuchstange aus rostfreiem Stahl kaufen. Der Bau des Küchenwagens ist nicht sehr schwierig. Die horizontalen Streben werden mit den Beinen verzapft, so dass zwei H-förmige Rahmen entstehen. Im Anschluss daran werden diese Rahmen durch die seitlichen Stege, das Arbeitsbrett und den unteren Boden verbunden. Die Möbelrollen werden an den Füßen festgeschraubt und die Arbeitsplatte wird durch Verbindungsblöcke und kleine hölzerne Riegel befestigt. Die Oberflächen werden mehrfach abgeschliffen, geölt und dann mit einem Baumwolltuch poliert.

Benötigte Werkzeuge

Werkbank mit Schraubstock, Bleistift, Lineal, Winkel, Lamellofräse, 4 Zwingen mit großer Spannweite, mehrere kleine Zwingen, Stichsäge, Hirnholzhobel, Schabhobel, Tischbohrmaschine, 25-mm-Forstnerbohrer, Spiralbohrer (3 mm und 5 mm), 15 mm breites Stecheisen mit seitlichen Fasen, Klüpfel, Gehrungssäge, Fräse und Frästisch, 12-mm-Nutenfräser, Messer, Zapfensäge, Schlichthobel, Schraubendreher, Schleifblock, Versenker, Schraubenschlüssel, Pinsel

WEITERE NÜTZLICHE WERKZEUGE
Akkuschrauber, Schleifmaschine, elektrische Bohrmaschine, Stechzirkel, Anreißmesser, Bandsäge

Küchenwagen

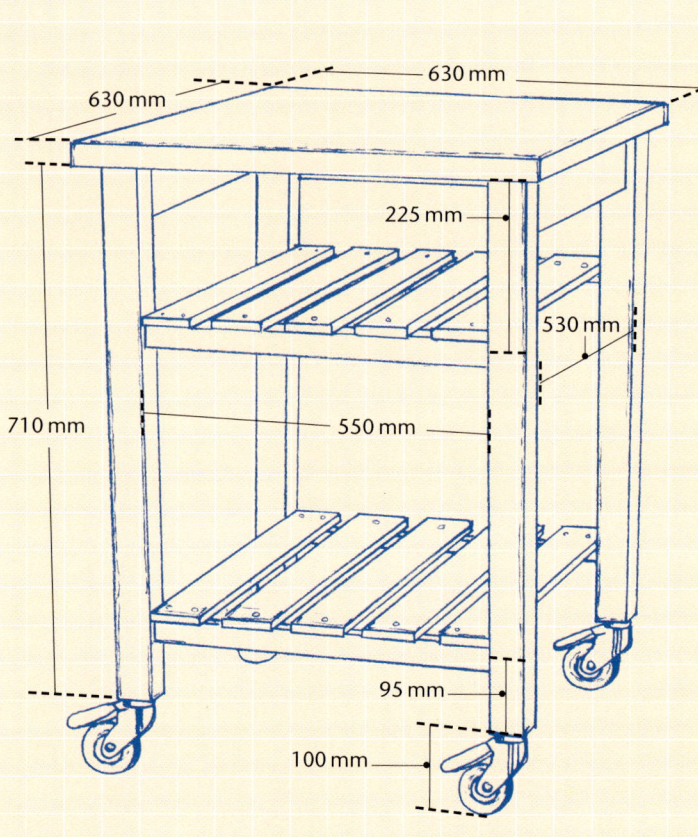

Materialliste

Ahorn (siehe Zuschnittliste)

Packung Lamellodübel

PVA-Leim

Schleifpapier der Körnung 150 bis 300

4 Möbelrollen mit integrierten Bremsen,
etwa 100 mm hoch

Danish Oil

28 Stahlschrauben mit Senkköpfen,
M4 x 30 mm

Handtuchstange aus rostfreiem Stahl

Zuschnittliste

Alle Teile bestehen aus Ahornholz

5 Teile 630 x 140 x 30 mm (Arbeitsplatte)

4 Teile 710 x 50 x 50 mm (Beine)

2 Teile 530 x 80 x 20 mm (seitliche Stege)

1 Teil 530 x 80 x 20 mm (rückseitiger Steg)

4 Teile 550 x 30 x 30 mm
(Auflagen für die Böden)

10 Leisten 590 x 70 x 12 mm
(Latten für die Böden)

Falls die von Ihnen gekauften Rollen niedriger oder höher sein sollten, müssen Sie die Länge der Beine entsprechend anpassen.

Abb. 1

1 Nehmen Sie die fünf Leisten für die Arbeitsplatte und legen Sie diese so nebeneinander, dass die Hirnholzfasern benachbarter Leisten jeweils in unterschiedlicher Richtung verlaufen. Zeichnen Sie 50 mm von den Enden der Leisten entfernt die Position der Lamellodübel an. Stellen Sie die Lamellofräse auf 15 mm ein und fräsen Sie die Schlitze in allen fünf Leisten. Pusten Sie den Holzstaub heraus und bestreichen Sie die jeweils gegenüberliegenden Seiten und die Dübel mit Holzleim, stecken Sie alles zusammen und spannen Sie das so entstandene Brett zwischen drei große Zwingen und die kleinen Schraubzwingen (Abb. 1). Wenn der Leim vollständig getrocknet ist, nehmen Sie die Zwingen ab und legen die Arbeitsplatte auf eine saubere, ebene Oberfläche. Sägen Sie die Platte mit der Stichsäge auf ein Maß von 630 x 630 mm und glätten Sie die Oberfläche und alle Kanten.

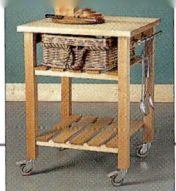

Abb. 2

2 Nehmen Sie die vier Beine und markieren Sie die Ober- und Unterseite. Zeichnen Sie 25 x 25 mm große Zapfenlöcher an, die sich genau in der Mitte 225 mm von der Oberseite und 95 mm von der Unterseite entfernt befinden. Ziehen Sie auf der Unterseite des Beines zwei diagonale Linien, deren Schnittpunkt das Führungsloch für die Schrauben zur Befestigung der Möbelrollen markiert. Bohren der Zapfenlöcher mit einem 25-mm-Forstnerbohrer bis zu einer Tiefe von 40 mm.

Abb. 3

3 Spannen Sie die Füße auf die Werkbank und stechen Sie die Kanten der Zapfenlöcher sauber herunter. Die fertigen Zapfenlöcher müssen 25 mm breit und 40 mm tief sein (Abb. 2 und 3). Säubern Sie den Grund der Zapfenlöcher und entfernen Sie alle Holzspäne. Achten Sie darauf, beim Hebeln des Stecheisens die Seiten des Zapfenloches nicht zu verletzen. Bohren Sie ebenfalls die Führungslöcher für die Schrauben der Möbelrollen.

Abb. 4

4 Nehmen Sie nun die vier Auflageleisten für die Böden (550 mm) und reißen Sie die Zapfen an (40 mm lang). Stellen Sie den Tiefenanschlag der Gehrungssäge auf 2,5 mm und sägen Sie die Zapfen an der Brüstung ein (Abb. 4). Mit dem Stecheisen bearbeiten Sie nun die Zapfen so lange, bis sie fest in den Zapfenlöchern sitzen, wobei die Brüstungsfläche ganz glatt an den Seiten der Beine anliegen sollte.

Abb. 5

5 Zeichnen Sie an den Beinen offene Zapfenlöcher an, die 75 mm lang, 12 mm breit und 20 mm tief sind und deren obere Kante 10 mm unter der Oberfläche verläuft. Montieren Sie die Fräse am Frästisch und setzen Sie den 12-mm-Nutfräser ein. Stellen Sie den Seitenanschlag auf 14 mm, befestigen Sie im Abstand von 75 mm ein Abfallstück, das als Tiefensteller dient und fräsen Sie die Zapfenlöcher (Abb. 5).

Abb. 6

6 Ziehen Sie 20 mm von den Enden der Stege entfernt eine Linie. Fräsen Sie 20 mm lange, 75 mm breite und 12 mm dicke Zapfen. Nehmen Sie nun ein Messer zur Hand und bearbeiten Sie die gestufte Unterseite bis der Zapfen genau in das 12 mm breite Zapfenloch passt (Abb. 6).

Abb. 7

7 Mit der Lamellofräse fräsen Sie nun Nuten auf den Innenseiten der beiden seitlichen Stege. Sägen Sie mit der Zapfensäge passende kleine Riegel und Verbindungsblöcke aus (Abb. 7). Säubern Sie die Werkbank und saugen Sie alle Holzspäne weg. Falls die Oberfläche Ihrer Werkbank sehr stark zerkratzt oder mit harten Leimresten bedeckt ist, legen Sie eine Platte sauberes Sperrholz darüber, denn für die nächsten Arbeitsschritte ist eine völlig saubere und ebene Arbeitsfläche ganz wichtig. Setzen Sie die Arbeitsplatte des Küchenwagens umgedreht auf die Werkbank oder die Sperrholzplatte und überprüfen Sie, ob die Beine, die Querleisten und die Auflagen für die Böden genau zusammen-

passen (Abb. 7). Wenn das der Fall ist, streichen Sie Holzleim in die Verbindungen und verklammern alles, wobei Sie auf die Rechtwinkligkeit der Konstruktion achten sollten. Nach vollständiger Trocknung des Holzleims nehmen Sie die Zwingen ab, schrauben die Verbindungsblöcke und Riegel fest und entfernen mit Stecheisen und Sandpapier vorsichtig alle Leimrückstände.

TIPP

Um beim Erweitern der Bohrlöcher ein Rattern der Bohrmaschine und verbrannte Ränder zu vermeiden, stellen Sie den Tiefensteller der Bohrmaschine auf 5 mm und drücken den Bohrer kurz und gezielt in das Holz. Achten Sie darauf, dass er seine volle Geschwindigkeit erreicht hat, bevor Sie mit dem Bohren beginnen.

Abb. 8

8 Wie Sie auf der Arbeitszeichnung erkennen können, sind alle äußeren Latten der Ablagen mit jeweils 2 Schrauben, die inneren jedoch nur mit einer Schraube befestigt. Nehmen Sie nun eine äußere und eine innere Latte und markieren Sie die Position der Schraubenlöcher im Abstand von 25 mm vom Ende der Latten. Bei der äußeren Latte sollten die Löcher jeweils 20 mm von den Seiten entfernt sein.

Ausgehend von diesen zwei Latten bauen Sie nun aus Abfallholz eine Schablone und bohren dann alle Latten mit dem 5-mm-Spiralbohrer. Die Bohrlöcher werden auf der Oberseite mit dem Versenker erweitert (Abb. 8).

Abb. 9

Abb. 10

9 Nach jedem Bohrvorgang sollten Sie die Arbeit unterbrechen und mit einem Besen die Späne aus den Ecken der Schablone entfernen. Arbeiten Sie sorgfältig, so dass Sie Löcher mit glatten Wandungen erhalten. Säubern Sie die Werkbank von Staub und Holzabfällen und stellen Sie den Küchenwagen kopfüber auf die Werkbank. Schrauben Sie die Möbelrollen fest (Abb. 9). Nehmen Sie noch einmal den Hirnholzhobel zur Hand, schlichten Sie alle Hirnholzstücke und brechen Sie scharfe Kanten. Überprüfen Sie, ob überschüssiger Leim vollständig entfernt wurde. Zu diesem Zweck sollten Sie den Wagen bei Tageslicht genau inspizieren. Man kann auch die Oberfläche mit Terpentinersatz bepinseln, dadurch werden alle noch vorhandenen Leimspuren sichtbar.

10 Stellen Sie den Wagen an einen sauberen Ort und tragen Sie eine dünne Schicht Danish Oil auf. Schrauben Sie die äußeren Latten so auf, dass sie ganz dicht an den Beinen anliegen (Abb. 10). Bohren Sie dazu Führungslöcher mit einem Durchmesser von 3 mm und schrauben Sie die Latten mit den Stahlschrauben fest. Der Abstand zwischen den Latten sollte jeweils 30 mm sein. Zum Schluss montieren Sie die Handtuchstange.

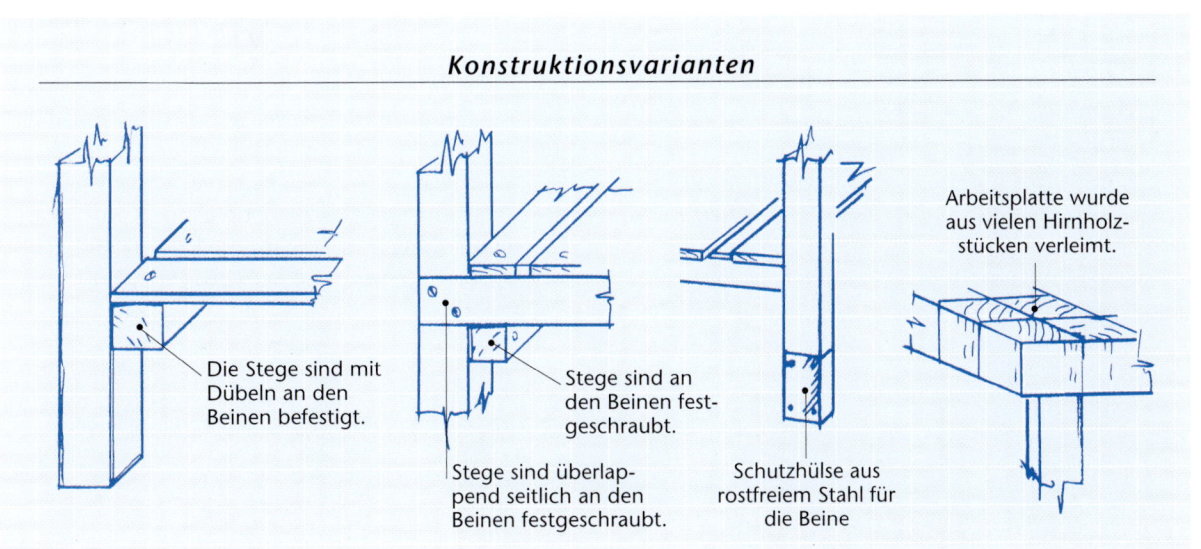

Konstruktionsvarianten

Die Stege sind mit Dübeln an den Beinen befestigt.

Stege sind an den Beinen festgeschraubt.

Stege sind überlappend seitlich an den Beinen festgeschraubt.

Schutzhülse aus rostfreiem Stahl für die Beine

Arbeitsplatte wurde aus vielen Hirnholzstücken verleimt.

Schränkchen im Landhausstil

Bei diesem Entwurf ließen wir uns von einem kleinen Schränkchen inspirieren, das wir vor zwanzig Jahren bei einer Wanderung in Südfrankreich gesehen hatten. Wir blickten neugierig durch ein Fenster eines Bauernhauses und da hing das Schränkchen im Licht eines Sonnenstrahls, der gerade hinein fiel. Es war sehr einfach, vielleicht hatte man es sogar aus dem Holz von Obstkisten gefertigt.

Die geschwungene Form, die Lasur und der geschnitzte Riegel machen unseren Entwurf schon etwas außergewöhnlicher. Das Schränkchen besteht aus Kiefernholz, die Tür, die Seiten, die Rückseite und die Ablagen wurden aus Brettern mit Nut und Feder gefertigt. Das Holz wurde mit wasserverdünnter Acrylfarbe lasiert. Wir haben eine Mischung aus blau und grün gewählt, die einen grünlichen Ton ergibt, Sie können jedoch die Farbe passend zur übrigen Einrichtung wählen.

Benötigte Werkzeuge

Werkbank mit Schraubstock, Bleistift, Lineal, Winkel, Schlichthobel, Schraubendreher, Laubsäge, Schleifblock, Gehrungssäge, 7-mm-Bohrsenker mit passendem Dübelschneider, Messer, elektrische Bohrmaschine, 10-mm- und 3-mm-Spiralbohrer, Ahle, 2 Pinsel

WEITERE NÜTZLICHE WERKZEUGE
Akkuschrauber, Schleifmaschine, Anreißmesser

Schränkchen im Landhausstil

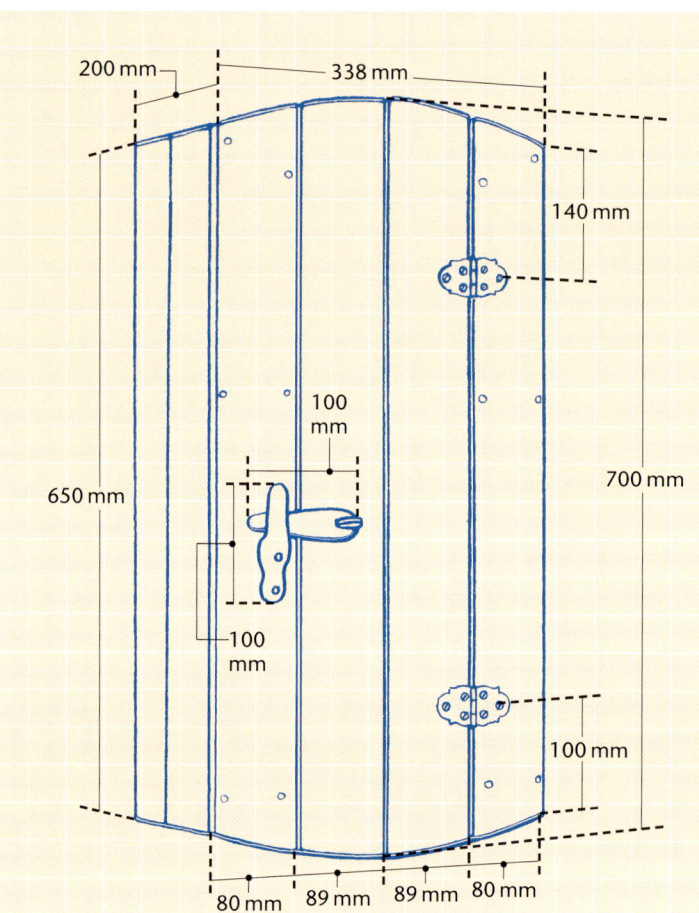

200 mm — 338 mm

140 mm

100 mm

650 mm

700 mm

100 mm

100 mm

80 mm   89 mm   89 mm   80 mm

Arbeitstechniken

EINDREHEN VON SCHRAUBEN, S. 24

AUSSÄGEN GESCHWEIFTER FORMEN, S. 18

SCHNITZEN, S. 25

Materialliste

Kiefernholz (siehe Zuschnittliste)

50 oder mehr Stahlschrauben mit Senkkopf M4 x 35 mm

Schleifpapier der Körnung 80 und 150

2 Messingscharniere mit Schrauben

Acrylfarbe nach Wahl

Teaköl

Zuschnittliste

Alle Teile bestehen aus Kiefernholz

4 Bretter mit Nut und Feder 700 x 89 x 15 mm (Front)

4 Bretter mit Nut und Feder 650 x 89 x 15 mm (Rückseite)

4 Bretter mit Nut und Feder 650 x 89 x 15 mm (Seitenwände)

3 Bretter 312 x 170 x 18 mm (Böden)

8 Leisten 160 x 30 x 18 mm (2 Querleisten für die Tür und 6 Auflagen für die Böden)

Falls Sie einen komplizierteren Riegel als diesen hier schnitzen möchten, sollten Sie dafür Lindenholz verwenden, da dieses Holz sich zum Schnitzen besonders gut eignet.

Abb. 1

1 Studieren Sie die Arbeitszeichnung und beachten Sie, dass alle Bretter, die an den Ecken aufeinander stoßen, schmaler sind. Nehmen Sie nun den Schlichthobel zur Hand und bearbeiten Sie die Bretter bis auf die gewünschte Größe (Abb. 1).

Abb. 2

2 Verschrauben Sie die beiden Bretter, aus denen das Schranktürchen besteht mit Hilfe der 160 mm langen Querleiste. Ordnen Sie die Schrauben versetzt an (Abb. 2).

Abb. 3

3 Stecken Sie die vier Bretter der Vorderseite zusammen, biegen Sie ein langes, flexibles Lineal wie in Abb. 3 gezeigt und lassen Sie von einem Helfer die Schnittlinie anreißen. Reißen Sie die untere Rundung auf die gleiche Art und Weise an.

Abb. 5

5 Nehmen Sie die 6 Auflagen für die Böden und sägen Sie jeweils ein Ende mit der Gehrungssäge oder in einer Gehrlade in einem Winkel von 45° ab (Abb. 5).

Abb. 4

4 Nehmen Sie nun nacheinander die Tür und die beiden Seitenbretter und sägen Sie die angerissenen Rundungen sorgfältig mit der Laubsäge aus (Abb. 4). Schleifen Sie die Sägekanten, bis sie ganz glatt und leicht gerundet sind.

Abb. 6

6 Schrauben Sie die Böden nun so auf die Auflagen, dass das rechtwinklige Ende der Auflagen bündig mit der hinteren Kante des Bodens abschließt (Abb. 6). Schleifen Sie mit Schleifblock und Sandpapier alle Ecken und Kanten rund und glatt.

Abb. 7

7 Verschrauben Sie die Böden mit den Seitenwänden, die jeweils aus zwei Brettern bestehen (Abb. 7). Achten Sie dabei darauf, dass die schrägen Enden der Auflagen nach vorn zeigen.

Abb. 8

8 Schrauben Sie die aus vier Brettern bestehende Rückwand an den Böden und den Seitenwänden fest wie in Abb. 8 gezeigt. Die Schraubenköpfe müssen bündig mit der Oberfläche der Rückwand abschließen. Dann schrauben Sie die zwei seitlichen Bretter der Vorderseite an. Verwenden Sie dazu einen Bohrsenker, so dass die Schraubenköpfe ein Stück unter der Oberfläche liegen.

Abb. 9

9 Schnitzen Sie nun die drei Komponenten für den Riegel. Es ist dabei nicht erforderlich, unseren Entwurf genau zu kopieren, schauen Sie sich nur an, wie das Prinzip funktioniert und lassen Sie dann Ihrer Fantasie freien Lauf. Bohren Sie mit einem 10-mm-Bohrer ein Loch durch den Riegel und stecken Sie den Zapfen hindurch. Bohren Sie nun ein 3 mm starkes Loch durch die Seite des Riegels und befestigen Sie den Riegel mit einem kleinen geschnitzten Dübel (oder einer Schraube) am Zapfen. Mit Sandpapier, das um ein Holzstück gewickelt wurde, schleifen Sie nun alle Komponenten glatt.

Abb. 10

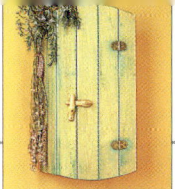

10 Setzen Sie die Tür an ihren Platz, stechen Sie die Schraubenlöcher mit der Ahle vor und schrauben Sie die Scharniere an (Abb. 10). Abhängig von der Größe der gewählten Scharniere, sollten Sie eines etwa 140 mm von der Oberkante und das andere etwa 100 mm von der Unterkante entfernt platzieren. Mit etwas feinkörnigem Sandpapier reiben Sie nun leicht über die Scharniere, um deren glänzende Oberfläche etwas zu mattieren.

Abb.11

11 Schrauben Sie die Raste auf das linke Brett der Vorderseite und reißen Sie abhängig davon die Position des Drehpunktes des Riegels an. Bohren Sie dort ein 10 mm starkes Loch. Bohren Sie etwa 18 mm von der Innenseite des Riegels entfernt ein 3 mm starkes Loch durch den Zapfen. Schieben Sie den Zapfen durch die Tür und schnitzen Sie dann eine kleine Holznadel, die Sie durch das Loch im Zapfen auf der Innenseite der Tür stecken (Abb. 11).

Beschleifen Sie alle Oberflächen. Verdünnen Sie die Acrylfarbe mit Wasser und lasieren Sie das Schränkchen. Nach vollständiger Trocknung bearbeiten Sie alle Oberflächen noch einmal mit feinkörnigem Sandpapier, um die kleinen Holzfasern abzuschleifen und bestreichen alle Oberflächen mit Teaköl. Schneiden Sie mit dem Dübelschneider kleine Dübel aus Abfallholz und verleimen Sie diese über den Schraubenköpfen auf der Vorderseite.

TIPP

Sie sollten die Lasur erst einmal auf einem Stück Abfallholz ausprobieren, dieses dann abschleifen und ölen. Wenn Ihnen die Farbe zu dunkel ist, nehmen Sie einfach mehr Wasser oder im umgekehrten Fall mehr Farbe. Denken Sie daran, dass Sägekanten und insbesondere Hirnholz mehr Farbe aufnehmen und demzufolge dunkler aussehen.

Konstruktionsvarianten

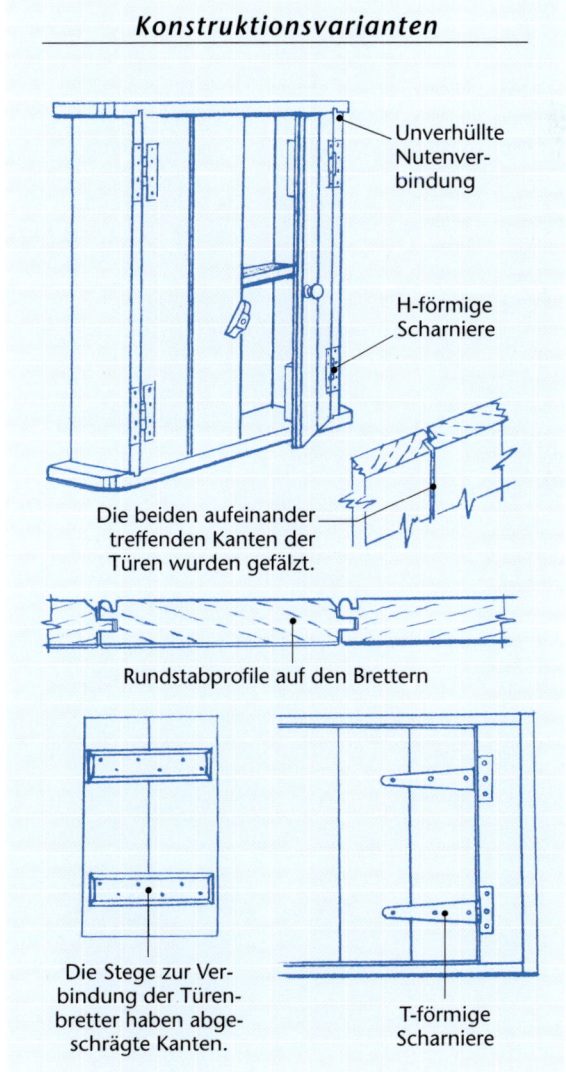

Unverhüllte Nutenverbindung

H-förmige Scharniere

Die beiden aufeinander treffenden Kanten der Türen wurden gefälzt.

Rundstabprofile auf den Brettern

Die Stege zur Verbindung der Türenbretter haben abgeschrägte Kanten.

T-förmige Scharniere

Gartenstuhl

Dieser klassische Gartenstuhl ist schnell und einfach herzustellen. Das Design ist vom Stil Gerrit Rietveld (1888–1957), einem holländischen Designer und Architekt und Mitglied der De Stijl Gruppe beeinflusst. Er entwarf unter anderem viele Dinge, die man aus Kistenbrettern oder Altholz bauen kann. Der Stuhl passt ausgezeichnet auf eine Veranda, in einen Wintergarten oder in ein Studio. Falls Sie sich einmal ausstrecken oder eine kurze Ruhepause halten möchten, können Sie die Rückenlehne auch flach legen. Ziehen Sie dazu einfach die beiden Riegel heraus, die die Lehne in ihrer senkrechten Position fixieren.

Der Stuhl besteht ganz aus Eichenholz, die Bretter sind überlappend oder auf Stoß mit Hilfe von Gewindestäben, Exzenterverbindungen und Einschraubmuttern verknüpft. Es ist also nicht erforderlich schwierige Holzverbindungen auszusägen. Das Holz wurde kräftig mit der Drahtbürste behandelt und dann mit Danish Oil gestrichen.

Benötigte Werkzeuge

Werkbank mit Schraubstock, Einsatzzirkel, Bleistift, Lineal, Winkel, Zwingen, Tischbohrmaschine, 10-mm- und 15-mm-Forstnerbohrer, 5-mm-Spiralbohrer, Laubsäge, 2 Zwingen mit großer Spannweite, Hirnholzhobel, Schleifblock, Drahtbürste, Pinsel, Versenker, Schraubendreher, Metall-Bügelsäge, Metallfeile, Inbusschlüssel für Einschraubmuttern

WEITERE NÜTZLICHE WERKZEUGE
Akkuschrauber, Schleifmaschine, elektrische Bohrmaschine, Stechzirkel, Anreißmesser

Gartenstuhl

Arbeitstechniken

BOHREN VON LÖCHERN, S. 19

AUSSÄGEN GESCHWEIFTER FORMEN, S. 18

SPEZIELLE OBERFLÄCHENBEHANDLUNG, S. 27

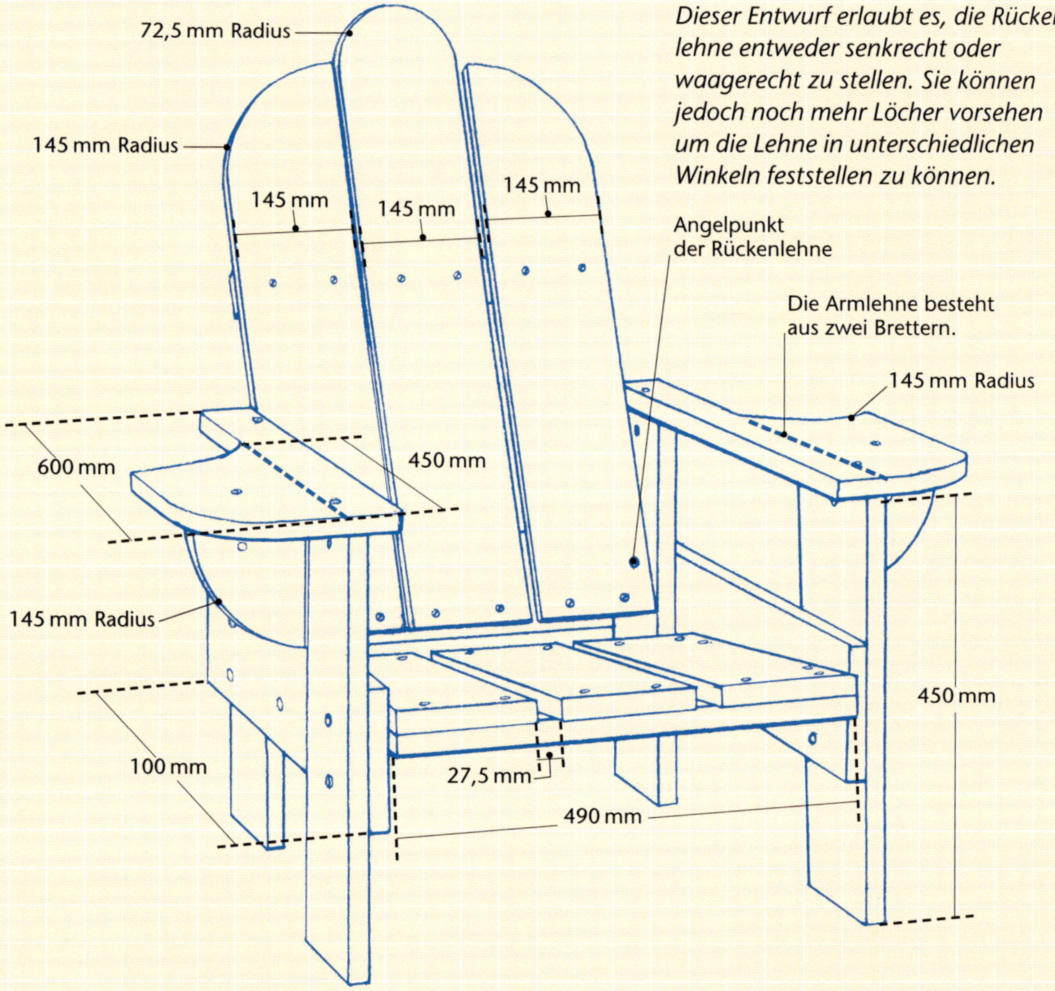
72,5 mm Radius
145 mm Radius
145 mm
145 mm
145 mm
Angelpunkt der Rückenlehne
Die Armlehne besteht aus zwei Brettern.
145 mm Radius
600 mm
450 mm
145 mm Radius
450 mm
100 mm
27,5 mm
490 mm

Dieser Entwurf erlaubt es, die Rückenlehne entweder senkrecht oder waagerecht zu stellen. Sie können jedoch noch mehr Löcher vorsehen um die Lehne in unterschiedlichen Winkeln feststellen zu können.

Materialliste

Eichenholz (siehe Zuschnittliste)
PVA-Leim
Schleifpapier der Körnung 100 und 150
Terpentinersatz
Lappen
Danish-Oil
35 Stahlschrauben mit Senkköpfen: M4 x 30 mm
Exzenterverbinder, Messing-Einschraubmuttern und passende Gewindestäbe
2 Metallriegel (Ø 10 mm) mit Befestigungsschrauben

Zuschnittliste

Alle Teile bestehen aus Eichenholz
4 Teile 450 x 145 x 20 mm (Beine)
2 Teile 600 x 145 x 20 mm (Querstreben an den Beinen)
3 Teile 450 x 145 x 20 mm (Bretter für den Sitz)
2 Teile 490 x 55 x 20 mm (Auflagen für die Sitzbretter)
3 Teile 675 x 145 x 20 (Rückenlehne)
2 Teile 445 x 145 x 20 mm (Stege für Rückenlehne)
2 Teile 600 x 55 x 20 mm (Armlehnen)
2 Teile 450 x 145 x 20 mm (Armlehnen)
1 Teil 540 x 145 x 20 mm (rückseitige Verbindung der Beine)

Abb. 1

1 Studieren Sie die Arbeitszeichnung sorgfältig und zeichnen Sie dann die Position aller zu bohrenden Löcher an. Bauen Sie sich aus Abfallstücken eine einfache Schablone, die Sie mit Zwingen am Bohrtisch befestigen. Beginnen Sie damit, überall dort blinde Löcher zu bohren, wo später die Messingmuttern eingeschraubt werden. Verwenden Sie dazu einen 15-mm-Forstnerbohrer (siehe Abb. 1). Die Bohrungen sollten 5 mm tief sein.

Abb. 2

2 Setzen Sie nun den 10-mm-Forstnerbohrer ein und bohren Sie die Löcher durch die gesamte Stärke der Bretter (Abb. 2). Auch die Löcher für die Exzenterverbinder sind mit dem 10-mm-Forstnerbohrer zu bohren, die Löcher für die Schrauben und die Gewindestäbe dagegen mit dem 5-mm-Spiralbohrer.

Abb. 3

3 Nehmen Sie die drei Bretter für die Rückenlehne, legen Sie diese mit den besten Seiten nach unten auf die Werkbank und reißen Sie mit dem Einsatzzirkel die auszusägende Form an. Die Rundung des mittleren Brettes hat einen Radius von 72,5 mm, die der äußeren Bretter einen Radius von 145 mm (Abb. 3). Dazu sollte man, wenn möglich, einen feststellbaren Zirkel verwenden, bei dem der Arm mit dem Bleistift nicht wegrutschen kann.

Abb. 4

4 Setzen Sie ein neues Sägeblatt mit feiner Zahnung in die Laubsäge, achten Sie auf ausreichende Spannung und sägen Sie dann die oberen Enden der drei Bretter für die Rückenlehne aus (Abb. 4). Sägen Sie langsam, dann werden die Kanten so glatt, dass sie kaum noch beschliffen werden brauchen.

Abb. 5

5 Nun stellen Sie den Zirkel auf einen Radius von 145 mm und reißen auf den Brettern für die Armlehnen die auszusägenden Rundungen an. Sägen Sie die Rundungen mit der Laubsäge aus und verwenden Sie das ausgesägte Stück als Konsole für die Ablage. Legen Sie dann die beiden Bretter für Armlehne und Ablage nebeneinander, bestreichen Sie die gegenüberliegenden Kanten mit Leim und spannen Sie beide wie in Abb. 5 gezeigt zwischen zwei Zwingen. Achten Sie darauf, die Zwingen nicht zu stark anzuziehen. Wenn der Leim getrocknet ist, reißen Sie am vorderen Ende der Armlehne einen Viertelkreis mit einem Radius von ebenfalls 145 mm an und sägen diesen mit der Laubsäge aus.

6 Mit Hirnholzhobel und Schleifpapier bearbeiten Sie nun die Hirnholzkanten aller Teile, bis diese schön glatt und eben sind, wobei Sie die Ecken und Kanten etwas abschrägen. Bearbeiten Sie alle Oberflächen mit der Drahtbürste. Entfernen Sie den Staub und behandeln Sie alle Oberflächen mit Danish Oil (Abb. 6).

Abb. 7

7 Bauen Sie nun die Sitzfläche. Legen Sie dazu die zwei 490 mm breiten Leisten auf die Werkbank und darüber die drei 450 mm breiten Bretter. Verwenden Sie ein 27,5 mm breites Holzstück als Abstandshalter. Überprüfen Sie, ob alles im rechten Winkel ist, bohren Sie die Führungslöcher für die Schrauben, erweitern Sie diese bis auf die Größe der Schraubenköpfe und schrauben Sie die Bretter auf den Querleisten fest (Abb. 7).

Abb. 6

TIPP

Exzenterverbinder gibt es in vielen verschiedenen Formen und Größen. Manche bestehen aus rostfreiem Stahl, manche aus Kunststoff oder Messing. Probieren Sie deshalb erst an einem Stück Abfallholz aus, welcher Bohrer genau für die von Ihnen gekauften Exzenterverbinder passt.

Abb. 8

8 Die Beine werden gebaut, indem Sie die beiden 450 mm langen Bretter durch den 600 mm langen Quersteg verbinden, wobei Sie das eine Bein unter dem Steg, das andere jedoch über diesem befestigen (Abb. 8). Stecken Sie die entsprechend zugeschnittenen Gewindestäbe durch beide Bretter und schrauben Sie dann auf beiden Seiten die Messingmuttern auf. Ziehen Sie die Messingmuttern mit dem Inbusschlüssel fest. Überprüfen Sie die Rechtwinkligkeit der Konstruktion. Achten Sie beim Verschrauben des zweiten Beines darauf, dass beide horizontalen Stege vorn innen und hinten außen auf die Beine geschraubt werden.

Abb. 9

9 Stecken Sie jeweils einen Exzenterverbinder in die Innenseite der Vorderbeine. Führen Sie dann das entsprechende Gewindestück von oben durch die Armlehne, schrauben Sie es in den Exzenterverbinder und dann die Messingmutter ein (Abb. 9).

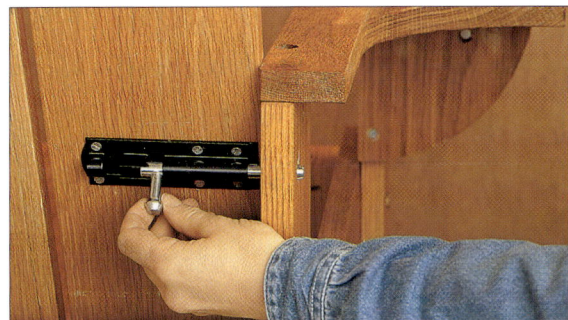

Abb. 10

10 Überprüfen Sie, ob beide Bretter rechtwinklig zueinander stehen. Nachdem Sie den Sitz, wie auf der Arbeitszeichnung gezeigt, zurückgeklappt und die Querstrebe auf der Rückseite verschraubt haben, montieren Sie die beiden Feststellriegel (Abb. 10).

Konstruktionsvarianten

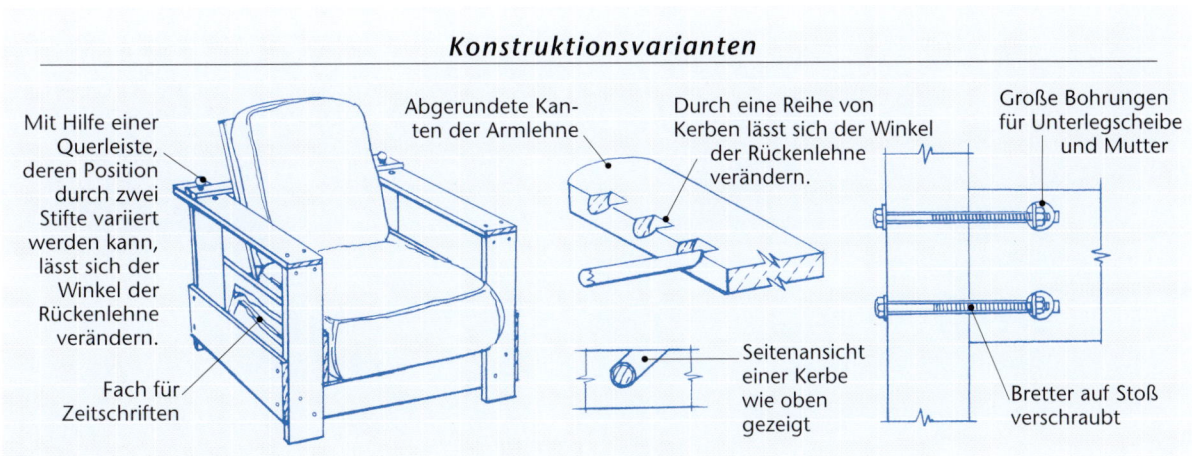

Mit Hilfe einer Querleiste, deren Position durch zwei Stifte variiert werden kann, lässt sich der Winkel der Rückenlehne verändern.

Fach für Zeitschriften

Abgerundete Kanten der Armlehne

Durch eine Reihe von Kerben lässt sich der Winkel der Rückenlehne verändern.

Seitenansicht einer Kerbe wie oben gezeigt

Große Bohrungen für Unterlegscheibe und Mutter

Bretter auf Stoß verschraubt

Holztrog

Dieser Holztrog ist sozusagen eine Fusion mehrerer Tröge, die wir an verschiedenen Orten gesehen hatten – einen Trog für Brotteig in einer Bäckerei in Leicestershire, einen Messertrog im Amerikamuseum in Bath und vor allem einen Waschtrog aus dem frühen 19. Jahrhundert, den wir in unserem Haus in Cornwall fanden. Alle diese Tröge haben bestimmte gemeinsame Merkmale – die Griffe in Form eines umgedrehten Bootes, die Art der Befestigung des Griffes und die Farbe grün. Obwohl man eigentlich nur einen funktionellen Behälter herstellen wollte – zum Wäsche waschen, Backen oder zur Aufbewahrung von Gegenständen – hat man sich trotzdem bemüht, diesem Behälter eine dekorative Form zu geben.

Dieser Holztrog wurde aus Kiefernholz und Sperrholz hergestellt. Die mit der Laubsäge ausgesägten Griffe sind mit Schrauben an den Stirnwänden befestigt und die Seitenbretter sind aufgenagelt. Wenn Sie mehrere solcher Behältnisse bauen möchten, sollten Sie einmal ein Dorfmuseum besuchen und sich von den vielen schönen Trögen, die im Haus, bei der Milchherstellung und im Garten benutzt wurden, inspirieren lassen.

Benötigte Werkzeuge

Werkbank mit Schraubstock und Schnellspanner,
Einsatzzirkel, Bleistift, Lineal, Winkel, Schmiege,
Tischbohrmaschine, 5-mm- und 8-mm-Spiralbohrer,
Laubsäge, 2 kurze Zwingen, Schraubendreher,
Ziehmesser, Hirnholzhobel, Fräse und Frästisch,
10-mm-Nutfräser, Schleifblock, mittelgroßer
Hammer, Pinsel

WEITERE NÜTZLICHE WERKZEUGE
Akkuschrauber, Schleifmaschine, elektrische Bohrmaschine, Stechzirkel, Anreißmesser

Holztrog

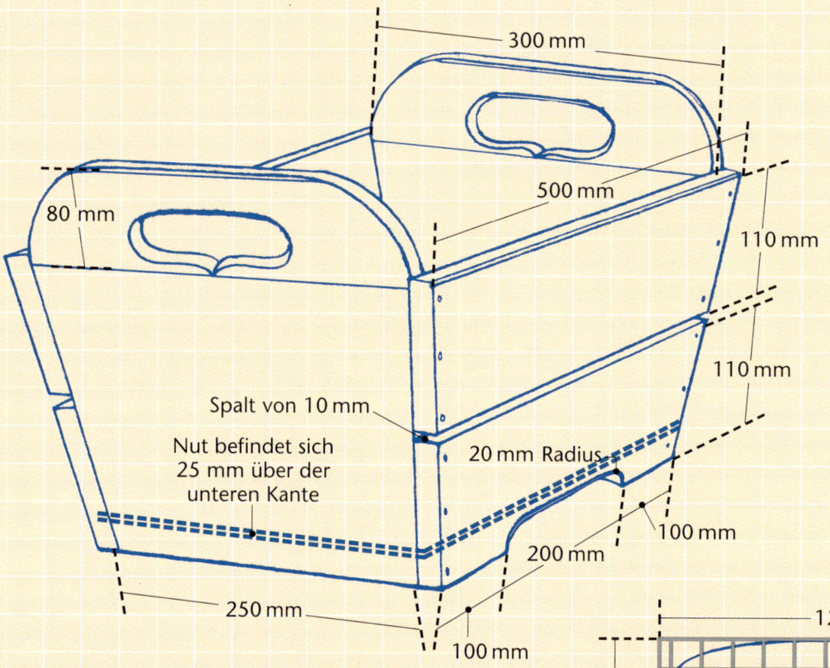

Arbeitstechniken

AUSSÄGEN
GESCHWEIFTER
FORMEN,
S. 18

FRÄSEN EINER NUT,
S. 22

EINSCHLAGEN
VON NÄGELN,
S. 24

300 mm

500 mm

80 mm

110 mm

110 mm

Spalt von 10 mm

Nut befindet sich
25 mm über der
unteren Kante

20 mm Radius

100 mm

200 mm

250 mm

100 mm

125 mm

48 mm

Da das Aussägen der schrägen Seiten etwas schwierig ist, sollten Sie den Sperrholzboden erst endgültig zusägen, nachdem Sie den Trog probeweise zusammengebaut haben.

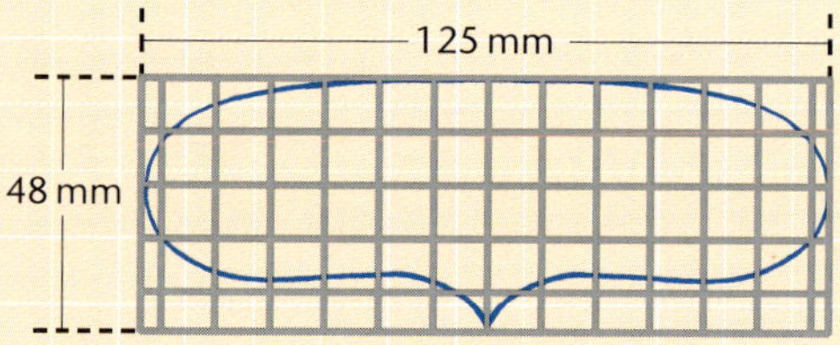

Materialliste

Kiefernholz und Sperrholz (siehe Zuschnittliste)

Pauspapier 300 x 80 mm

PVA-Leim

4 Stahlschrauben mit Senkkopf: M4 x 60 mm

Schleifpapier der Körnung 80 bis 100

24 galvanisierte Nägel, 50 mm

Matte grüne Ölfarbe oder Acrylfarbe

Terpentinersatz zur Pinselreinigung

Zuschnittliste

4 Stück Kiefernholz 500 x 110 x 18 mm (Seitenbretter)

2 Stück Kiefernholz 300 x 220 x 18 mm (Stirnbretter)

2 Stück Kiefernholz 300 x 80 x 18 mm (Griffe)

1 Stück Sperrholz 400 x 300 x 6 mm (Boden)

Abb. 1

1 Nehmen Sie das Blatt Pauspapier, das so groß wie das Griffstück sein sollte, und falten Sie es der Länge nach zusammen, so dass der Knick die Mittellinie darstellt. Mit einem weichen Bleistift zeichnen Sie nun die halbe Griffform auf das Pauspapier. Markieren Sie auf den zwei Brettern, die Sie für die Griffstücke vorgesehen haben, die Mittellinie. Mit einem harten Bleistift pausen Sie nun die Form des Griffes auf beide Bretter. Schraffieren Sie das auszusägende Stück (Abb. 1). Passen Sie die Größe des Griffes gegebenenfalls der Größe Ihrer Hände an.

Abb. 2

2 Nehmen Sie die vier Bretter für die Seitenwände und reißen Sie mit Hilfe von Schmiege,
Lineal und Winkel die auszusägende Form
an. Mit dem Zirkel markieren Sie die abgerundeten
Ecken der unteren Aussparung wie in Abb. 2 dargestellt.

Abb. 4

4 Sägen Sie mit der Laubsäge die Seitenbretter aus (Abb. 4). Arbeiten Sie bei stetigem
Tempo und sägen Sie auf der Verschnittseite
des Risses. Dann sägen Sie die Form der Stirnseiten
aus. Beschriften Sie alle Teile mit einem Bleistift.

Abb. 3

3 Bohren Sie nun die Führungslöcher für die
Schrauben zur Befestigung des Griffes. Bohren
Sie Löcher mit einem Durchmesser von 5 mm
senkrecht durch die Griffstücke, setzen Sie dann einen 8-mm-Bohrer ein und erweitern Sie die Bohrungen bis auf eine Tiefe von 30 mm zum Versenken der
Schrauben. Sägen Sie die Form der Griffstücke mit
der Laubsäge aus. Beim Aussägen der Grifföffnung
beginnen und enden Sie an der Spitze (Abb. 3).

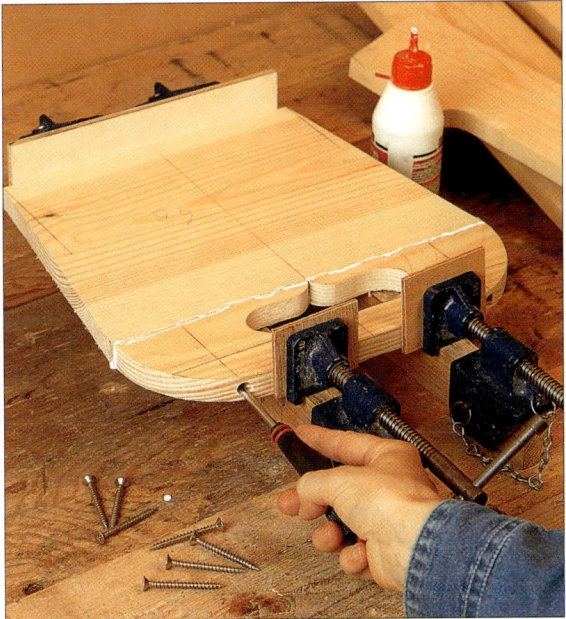

Abb. 5

5 Bestreichen Sie die Oberkante einer Stirnseite und die Unterkante des Griffstückes
mit Holzleim, spannen Sie beide Teile zusammen (Abb. 5). Drehen Sie die Schrauben in die Führungslöcher und entfernen Sie dann die Zwingen.
Bauen Sie die andere Stirnseite analog.

Abb. 6

6 Wenn der Leim getrocknet ist, spannen Sie das Stirnbrett in einen Schraubstock und bearbeiten die Oberkante mit einem Ziehklingenhobel bis diese leicht abgerundet ist und sich ganz glatt anfühlt (Abb. 6). Arbeiten Sie von der Mitte ausgehend in Richtung der Seiten, so dass Sie mit der Klinge nicht in das Hirnholz schneiden. Nehmen Sie dann ein Stück Sandpapier und schleifen Sie die Innenseiten des Griffes glatt. Achten Sie dabei besonders auf die Oberseite, die Sie beim Tragen mit der Hand umfassen.

Abb. 7

7 Stellen Sie den Hirnholzhobel so zu, dass nur hauchdünne Späne abgehoben werden und schrägen Sie alle Seiten und Kanten der Seitenbretter leicht ab (Abb. 7). Kleine Unregelmäßigkeiten sind hier sogar erwünscht, sie passen sehr gut zum Stil dieses Holztroges.

Abb. 8

8 Befestigen Sie die Fräse am Frästisch, setzen Sie den 10-mm-Nutfräser ein und stellen Sie den Seitenanschlag auf 25 mm. Nun fräsen Sie entlang der unteren Kanten der Seiten- und Stirnbretter Nuten, die 10 mm breit, 6 mm tief sind und 25 mm von der unteren Kante entfernt verlaufen (Abb. 8). Achten Sie beim Fräsen darauf, dass Ihre Finger nicht in die Nähe des Fräsers gelangen.

Abb. 9

9 Bauen Sie den Trog probeweise zusammen und entscheiden Sie (per Augenmaß) wie weit die Kanten der beiden Stirnseiten abgeschrägt werden müssen. Dann spannen Sie beide Stirnseiten zusammen in den Schraubstock und schrägen die Kanten mit Hilfe es Hirnholzhobels ab (Abb. 9).

TIPP

Zwar ist das Projekt recht einfach, die endgültige Montage des Bodens und der Wände ist allerdings schon eine kleine Herausforderung. Vielleicht sollten Sie den Trog erst einmal mit dünnen Stiften und der Hilfe eines Freundes provisorisch zusammennageln und dann die aneinander stoßenden Kanten entsprechend anpassen. Schlagen Sie die Stifte leicht schräg ein, so dass sie einfach wieder herausgezogen werden können.

Abb. 10

10 Schneiden Sie die Bodenplatte aus Sperrholz so zu, dass sie genau zwischen die Seitenteile passt. Schleifen Sie alle Komponenten kurz mit Sandpapier ab und nageln Sie den Trog dann zusammen (Abb. 10). Die leichte Schrägstellung der Seiten- und Stirnbretter führt dazu, dass sich die Bodenplatte in den Nuten verkantet und deshalb ganz fest sitzt, obwohl sie 4 mm dünner als die Breite der Nuten ist. Es kann

sogar nötig sein, etwas Spannung wegzunehmen, indem Sie die Kanten der gefrästen Nuten leicht abschrägen. Nachdem der Trog fertig zusammengebaut ist, streichen Sie ihn mit grüner Farbe.

Wenn die Farbe vollständig getrocknet ist, schleifen Sie die Oberflächen und besonders die Kanten, die sich normalerweise am schnellsten abnutzen, leicht ab. Jeder wird dann glauben, Sie hätten den Holztrog von Ihrer Großmutter geerbt.

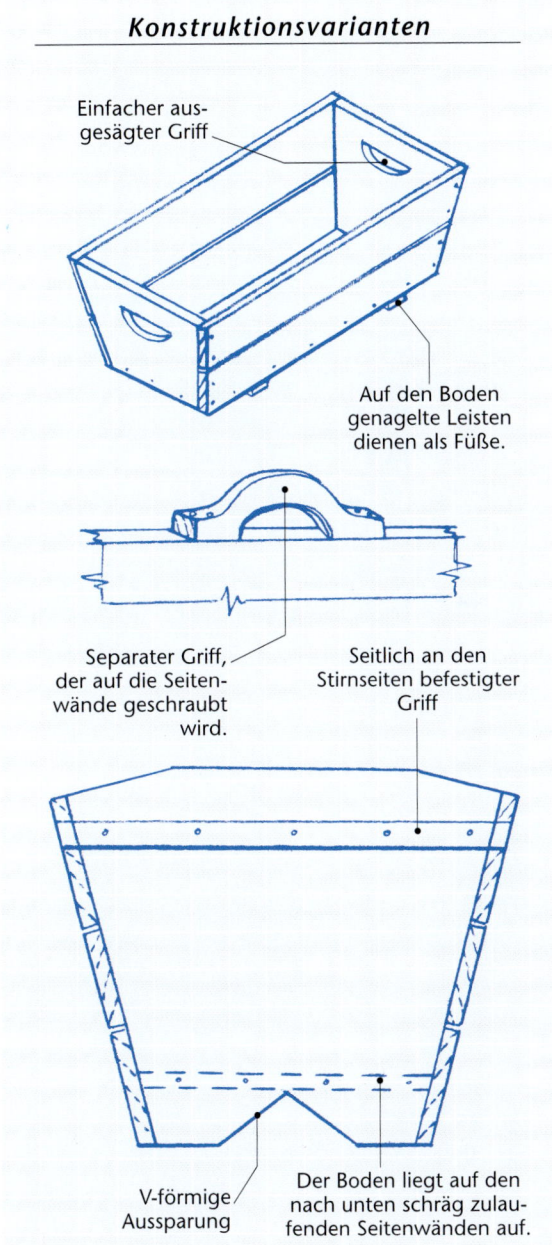

Konstruktionsvarianten

Einfacher ausgesägter Griff

Auf den Boden genagelte Leisten dienen als Füße.

Separater Griff, der auf die Seitenwände geschraubt wird.

Seitlich an den Stirnseiten befestigter Griff

V-förmige Aussparung

Der Boden liegt auf den nach unten schräg zulaufenden Seitenwänden auf.

INDEX